수산 水産 대기자 大記者
남달성의 회상

beto
OCEAN & REGION CONTENTS CREATOR

現代海洋

발간사

제2의 수산 대기자를 기다리며

〈현대해양〉에서 연재한 '수산 대기자 남달성의 회상' 1년 치 글을 모아 단행본으로 엮어내게 되었습니다.

남 대기자는 손꼽히는 일간지에서 시작해 45년을 기자로 지냈고 30년 이상 수산사설을 쓴 수산 전문기자로 일가를 이룬 분입니다. 그는 1970~1980년대 원양어선에 직접 승선해 미크로네시아, 남빙양, 북태평양의 조업현장을 취재·보도하며 화제를 불러일으키기도 했으며 그간 겪었던 다양한 경험들을 담아 「대양에 선 개척자들(1996)」, 「파도가 빚어낸 초상(2005)」 등 4편의 저서를 펴냈습니다.

2년 전 추운 겨울날, 오랫동안 병마와 싸워 헬쑥해진 그를 만났습니다. 그러나 또렷한 말씨와 기억력, 강력한 눈빛은 당찬 기자의 포스를 그대로 간직하고 있었습니다. 수산계에 남기고 싶은 글을 정리해 보시라고 하였습니다.

그는 은퇴 후에도 2년간 하루 10시간씩 영어공부를 했다고 합니다. 세계를 돌아다니며 노르웨이 유명 수산기업 마린 하베스트의 CEO, 미국 뉴욕 브롱크스 헌츠 수산시장 상인, 스페인 라스팔마스의 원양어선 선장, 북태평양 알류산 열도 끝자락 어민까지, 인생 마지막 취재를 떠나기 위해서였습니다. 그러나 그 계획은 건강이 나빠져 실행에 옮길 수는 없었습니다.

더 이상 취재 현장을 찾을 수 없음을 아쉬워하며 해양수산 전문지 경영이라는 어려운 길에 뛰어든 제게 2가지 당부의 말씀을 주셨습니다. 돈에 비굴해지지 말고 전문지다운 기사를 쓸 것, 기자들을 잘 양성할 것.

그러나 이상과 달리 전문지의 현실은 그리 녹록지 않습니다. 남 대기자 역시 회상 글에서 업계로부터 받은 수모와 설움을 기록으로 남기기도 했습니다.

전문지의 수준은 관련 산업의 바로미터입니다. 제대로 된 전문지는 탄탄한 논리로 설득력 있는 언로(言路)를 만들고, 정보의 중요도를 정리하며 전문가들의 여론을 집중시켜 해당 산업 발전에 기여합니다. 전자, 디자인, 농업, 환경 등 타 산업 분야에서는 성공한 많은 전문지들이 있습니다.

이에 비해 우리 해양수산계 전문지의 성장은 더디기만 합니다. 젊고 패기 넘치는 기자를 길러내기도 어렵습니다. 이러한 관행을 만든 전문지도 책임이 있겠지만 업계의 시각도 문제가 있음을 지적하고 싶습니다. 전문지 지원이 낭비가 아니라 해양수산업의 뿌리를 다지는 일이라는 것을 알아주었으면 합니다. 전문지도 해양수산계의 한 영역임을 인정하고 동류의식(同類意識)을 가져주길 바랍니다. 그래야 제2, 제3의 남달성 기자를 키울 수가 있을 것입니다.

'수산 대기자 남달성의 회상'을 단행본으로 엮어내게 된 것을 감사히 생각하며 남 대기자님의 건강을 기원합니다.

송영택
현대해양 발행인

프롤로그

수산 현장, 그 곳에서

　기자가 해양수산 전담기자로 뛰어 다닌 것도 어언 40년을 헤아린다. 그 세월 중 죽음이나 다름없는 엄청난 시련을 겪기도 했지만 어느 때는 보통 사람의 즐거움보다 훨씬 스릴과 기쁨을 만끽하기도 했다. '지미필름'이 당시 90년 영화사상 처음으로 유지노사할린스크에 현지로케를 갔을 때 6명의 기자가 동승했다. 서울에서 이륙한 전세비행기는 꼭 3시간 만에 도착했다. 첫 눈에 우리의 산야보다 숲이 많고 평야가 많다는 것을 볼 수 있었다.
　사할린의 취재 여운이 가시지 않는 것은 새하얀 피부와 늘씬한 몸매를 지닌 백러시아계가 눈길을 끌었다. 그런 와중에 어느 교포 한 분이 올해는 유난히 연어가 많이 올라온다는 얘기를 했다. 기자단 일행이 찾아 간 곳은 유지노사할린스크에서 동쪽으로 60km 떨어진 유어치푸하 강이었다. '우리도 연어를 잡자'라는 누군가의 고함소리에 일행은 바짓가랑이와 소매를 걷어 올린 채 강 바닥에 뛰어들자 또 다른 일행도 한꺼번에 연어잡이에 나섰다. 폭 20여m의 이 강 주변은 밀림지대였다.
　다음 날은 오체프강을 찾았다. 그 곳은 폭이 40여m나 돼 손으론 잡지 못하고 몽둥이로 내려쳐 기절하는 순간 잡아채는 수법을 활용했다. 이틀간 모두 60여 마리를 낚아챘다. 지미필름의 김지미 씨한테 얘기했더니 직접 썰어 각 테이블에 놓아주었다. 우리가 잡는 바로 옆에서 러시아 청년들은 그물 대신 포크레인으로 연어를 떠 올렸다. 한번 작업에 600kg. 기자가 어린시절 여름 밤에 멸치가 바닷가에 몰려오면 대소쿠리를 들고나가 주워 담았던 기억이 아련하다. 그게 벌써 70년이 지났다. 빠른 세월 막을 길이 없지 않은가.

더불어 미늘없는 낚시로 가다랑어를 채낚는 어법도 쏠쏠한 재미를 더한다. 1975년 4월 중부태평양의 상어를 잡으러 갔을 때였다. 현지 샤모르인들은 '상어를 어획하러 왔다'고 하면 적이 놀라는 표정을 짓는다. 그곳 사람들은 상어를 먹지 않기 때문이다. 미늘없는 낚시바늘로 가다랑어를 채 낚는 어법도 흥미와 스릴만점이다. 대양에서 유유히 흐르는 원목 찾기가 쉽지않지만 한번 걸렸다 하면 2백t은 느끈히 잡는다. 원목은 어부림 역할을 하기 때문이다.

그러나 기자가 탄 남북호가 남극수렴선을 넘어서자 바닷물이 변하고 수온도 2도 이상 낮고 서식생물도 다르기도 하지만 무엇보다도 세찬 바람과 파도가 겁났다. 1979년 1월29일 오후 5시 쯤, 파도가 20m쯤 높아지자 어로장 지시로 투망중이던 그물을 끌어올렸다. 다음날 아침 바람의 세기 순간초속 42m, 파도 높이 17를 오르내렸다. '하느님! 제발 가족이 있는 우리 집으로 인도해 주십시오' 라고 간곡히 기도했다. 세찬 바람이 가신 후 모두들 안도의 숨을 쉴 때 '난생 처음 겪는 바람과 파도'라고 30년 노수부는 그날의 위기를 말했다. 이렇듯 신문과 방송 등 대부분의 매체들은 현장의 이야기로 화재를 일구어 놓고 피날레도 현장의 소리로 마무리 짓는다.

2024년 2월
저자 남달성

목차

발간사 — 2

프롤로그 — 4

1 사할린 연어 이야기 — 12
2 첫 해외 어장개척에 나서다 — 18
3 지상낙원 팔라우서 가다랑어를 잡다 — 26
4 남극해 크릴 조업에 나서다 — 35
5 폭풍대 앞에서 왜소해지는 남북호 — 44
6 촌지寸志 와 기자 — 53
7 그들은 왜 전문지 기자를 거부했을까? — 62
8 백발白髮 대기자를 보고 싶다 — 70
9 숨죽이며 조업하는 뱃사나이들 — 79
10 참치잡이 첫 출어 흔적 — 87
11 최신어법 참치 선망어선을 타다 — 96

수산 대기자 남달성의 회상

수산 대기자 남달성의 회상 ❶
사할린 연어 이야기

초등학교 1학년 때였나보다. 그해 따라 유난히 더웠고, 잡풀도 무성히 자랐다. 한낮에 더운것은 어쩔 수 없다고 하지만 밤에도 여전히 후끈거렸다. 자연 저녁을 먹고 동네 어르신들은 물론 내 또래들도 길바닥에 멍석을 깔고 앉아 등줄기를 타고 흐르는 땀을 식히느라 연신 부채질을 멈추지 않았다.

바다가 바로 지척에 있었지만 바람 없는 날이면 숨이 막힐 정도로 무더웠다. 또 모기가 왜 그렇게 많은지 모깃불을 피우기 일쑤였다. 그것은 아이들 몫이었다. 모깃불이 잘 일지 않으면 눈도 제대로 뜨지 못하고 눈물만 자꾸 흘리던 기억이 아련히 떠오른다. 내 또래들은 맑은 하늘에 촘촘히 박힌 별자리를 찾거나 별자리 숫자가 늘어나면 동요를 부르기도 했다.

어른들은 집안 얘기와 함께 시국에 대한 견해를 서로 나누었는데, 때론 고성이 오가기도 했다.

크레인으로 강물 속 연어를 잡고 있었다. (출처_대양에 선 개척자들, 남달성 저)

　우리 동네는 유난히 가난했다. 1950년, 당시만 해도 선풍기 하나 없었고 요즘같은 효과 좋은 모기 살충제 역시 찾기 힘들었다. 그래도 하루 세끼 밥만 제대로 먹으면 웃음꽃을 피울 수 있었다. 그렇지만, 우리 집은 동네에서도 유난히 가난했다. 축구를 워낙 좋아했던지라 어슴프레하게 해가 질 때까지 축구를 하다가 집으로 가노라면 굴뚝에서 연기가 나지 않는 것을 보고 고개를 떨구던 것이 한두 번이 아니었다.

밤놀이가 시들해지자 아이들은 그중에서도 가장 연장자인 할배한테 재미난 이야기를 해 달라고 졸라댔다. 할배는 긴 담뱃대에 연초를 꾸욱꾸욱 눌러 담고 한 모금 빨아댄다.

이야기는 이때부터 시작된다. 할배가 천천히 "옛날 옛적에" 하고 입을 떼자 아이들이 귀를 쫑긋 세운다. 바로 이 순간이었다. "멸치다, 멸치!"라며 밖에서 큰 소리를 내른다. 멸치 주워담기를 알리는 것이다. 동네 아낙들은 물론 어른들도, 아이들도 멸치를 담을 소쿠리나 양푼이를 들고 바닷가로 내달린다. 거리래야 불과 15~20m 안팎.

산란기를 맞아 대군을 이룬 멸치 떼는 바닷가 자갈밭이나 큰 바위에 부딪혀 산란한다. 파닥파닥거리는 그 소리가 워낙 커 동네 사람들이 움직이기 시작한 것이다. 그 때 기자는 난생처음으로 멸치를 주워 담아 보았다. 그리고 그 이후 한 번도 멸치 떼가 몰려온 적이 없었다. 멸치 자원이 그만큼 줄었기 때문일 것이다. 멸치를 주 어획 대상으로 하는 멸치권현망수협에 따르면 옛날과 달리 요즘엔 육지에서 50~70마일은 나가야 겨우 그런 멸치를 잡을 수 있다고 한다.

체장 8~10cm, 체중 15~20g 안팎의 이 멸치는 젓갈용으로 쓰이거나 엑기스를 뽑아내 김장철에 유용하게 활용된다. 멸치 이야기를 하다보니 자연 사할린의 연어잡이 생각이 떠오른다. 얘기가 다소 궤도를 벗어났지만…

1991년 8월 20일 지미필름사(대표 김지미)가 영화 '명자, 아키코, 쏘냐'를 찍기 위해 국내 영화사상 처음으로 전세 비행기를 타고 구소련 사할린 현지로케를 떠났다. 당시 나는 동아일보 기자였다. 기자 6명을 포함, 촬영팀 64명을 태운 이 비행기는 김포공항을 이륙해 3시간 10분만에 수도 유지노 사할린스크에 도착했다. 인구 17만 명의 유지노 사할린스크는 때마침 고르바초프 실각과 관련, 소련 정변 발생 2일째를 맞아 혼란과 침울로 뒤덮인 분위기였다.

영화 '명자, 아키코, 쏘냐'는 기구한 운명을 타고난 한 여인의 일대기를 통해 2차대전 당시 얼어붙은 땅 사할린에 징용으로 끌려간 교포 1세들의 통한의 삶과 망향의 한을 그린 작품이었다. 주로 로케 현장은 한인 징용자들이 건설한 비행장과 철도가 놓인 유지노 사할린스크와 징용관원들이 드나들어 귀국선의 애환이 서린 코르사코프 항구 및 탄광촌 부이코 등 이었다. 이장로 감독이 연출을 맡은 이 영화

유지노사할린스크 인근의 오체프 강에서 몽둥이로 연어를 잡는 저자. 몽둥이로 강물을 내리치면 그 울림에 의해 연어가 뒤집혀지면 손으로 움켜잡는다. (출처_대양에 선 개척자들, 남달성 저)

에는 김지미, 이혜영, 이영하, 김명곤 등 국내 톱스타들이 출연, 연기 대결을 벌였다.

사할린 취재 여운이 지금까지 뇌리를 떠나지 않는 것은 새하얀 피부와 늘씬한 몸매를 지닌 백러시아계의 젊은 여성들이 반겨주었기 때문이 아닐까 싶다. 그들은 볼셰비키 혁명(1917년) 이후 긴 긴 세월 동안 어둡고 폐쇄된 사회에서도 여성 본연의 아름다움과 상냥함을 간직했었고 깍쟁이 같은 서구 여성들과는 달리 순진성과 소리 없는 미소를 잃지 않았다. 취재진들은 현지 로케 영화 촬영 취재와 함께 그곳 정치, 경제, 사회, 문화 전반에 걸쳐 밤낮을 가리지 않고 취재에 열을 올렸다. 그런 와중에도 망중한이 있었다.

그중 잊을 수 없는 것이 연어 소상 하천 탐방이었다. 유지노 사할린스크에 도착하자마자 '꺼리'를 찾던 중 어느 교포로부터 올해는 예년보다 연어가 많이 올라와 건설 장비인 '크레인'으로 강물 속의 연어를 끌어모은다는 말을 들었다. 주 취재가 영화였지만 25년간 수산전담 취재를 해온 기자로서 이 얘길 놓칠 수가 없었다. '그곳이 어디냐'로부터 묻기 시작해 거리와 교통편을 주선, 취재 첫날(8월 21일) 오후 3시 반 경 만사를 제치고 그곳으로 달려갔다.

취재진 일행 6명이 찾아간 곳은 유지노 사할린스크 동쪽 60킬로미터 지점의 유어치푸하강이었다. 1시간 정도 지났을 무렵 멀리 안개 속의 바다가 보이는 강하구에 다다랐다. 강쪽 20m 안팎의 크지 않은 유어치푸하강 주변으로 레스또예프 어촌이 형성돼 있었다. 8월 초순부터 연어 떼가 올라온다는 강하구엔 8톤 트럭 30여 대가 대열을 이뤘고 대형크레인으로 강물 속의 연어를 가득 채우자마자 트럭에 옮겨 싣는 작업을 되풀이하고 있었다. 흥분한 취재진이 더 가까이 가서 보자 등을 수면 위로 드러내 보일 정도로 연어 떼가 우글거렸다. 이리 뛰고 저리 뛰며 사진을 찍고 현장 분위기도 메모했으나 러시아어를 구사할 수 있는 동료가 없어 더 많은 취재를 할 수 없었던 게 아쉬웠다. 취재진은 한동안 멍하니 서 있었다.

우리나라 동해안의 남대헌과 오십헌 망피천에는 해마다 10~11월이 되면 방류된 연어가 알을 낳기 위해 소상한다. 하지만 가장 어획이 많았던 1990년의 경우 겨우 10만 4,000마리(312톤)였고 1991년엔 되려 줄어 10만 2,000마리(305톤)에 불과했다. 대형크레인으로 한 차례 뜨는 연어는 대략 600kg.

'우리도 연어를 잡자' 어느 누군가가 소리쳤다. 이 말이 떨어지자마자 맨 먼저 J일보 L기자가 바짓가랑이와 소매를 걷어 올린 채 맨발로 강바닥에 뛰어들었다. 곧이어 C일보 K기자도 연어잡이에 나섰다. 별다른 어획기술이 없던 기자들은 깊이 30cm 안팎의 강바닥에 헤엄쳐 다니는 연어의 아가미 부분을 손으로 꽉 잡아채는 방법을 활용했다. 30분 정도 지났을 무렵 잡은 연어가 15마리나 됐다. 그러나 이를 갖고 갈 방도가 생각나지 않아 러시아 트럭 운전사에게 말보르 담배 한 갑을 건네주고 얻은 비닐포대 속에 넣어 숙소로 돌아왔다.

취재진이 잡은 언어를 보이자 김지미 씨가 주방으로 달려가 횟감용으로 포를 떴다. 그날 저녁 4명 식탁에 김지미 씨가 손수 준비한 연어회와 초고추장으로 오랜만에 즐거운 식사를 할 수 있었다. 특히 취재진이 자리한 식탁에는 김지미 씨가 직접 3접시의 연어회를 갖다 주며 잡은 공로(?)를 인정해 주었다. 이 때문에 취재진의 연어잡이 성공담은 촬영팀 모두에게 관심의 대상이었고 이장호 감독은 취재진이 귀국하기 전 한 번 더 가기로 결정했다.

바로 8월 25일이었다. 취재진과 함께 촬영팀 중 40여 명이 2대의 중형버스에 나눠 타고 야유회 겸 연어잡이에 나섰다.

우리 일행이 간 곳은 오체프강이었다. 버스 운행시간으로 미뤄 전번에 갔던 유

동료들이 잡은 연어를 다듬어 요리를 준비하고 있다. 연어에서 알을 제외, 탕을 끓이기 위해 육질을 다시 손질하고 있다. (출처_대양에 선 개척자들, 남달성 저)

어치푸하강과 그리 멀지 않은 곳이었다. 그러나 오체프강은 유어치푸하강과 달리 강폭이 40여m나 되는데다 수심(40cm)도 약간 깊어 맨손으로 잡기에는 힘들었다. 궁리 끝에 나무막대기로 강물을 내리쳐 그 반동으로 연어가 뒤집힐 때 손으로 움켜잡는 방법을 썼다. 한쪽에선 준비된 릴낚시로 연어를 낚기도 했다. 일행 중 여자들도 이 같은 흥겨운 분위기에 휘말려 바지를 둥둥 걷은 채 강물에 뛰어들었다. 정글처럼 우거진 계곡의 밀림 사이로 유유히 흐르는 오체프강. 그 강심을 따라 연어잡이에 나선 일행들의 모습은 국내에선 볼 수 없는 한 폭의 그림이었다. 한 시간여 지나자 80여 마리가 쌓였다. 단위 노력당 어획량은 전번보다 못했다. 연어잡이에 나서지 않았던 동료와 여성들이 칼로 자르고 씻은 후 살은 횟감으로 머리와 꼬리 부분은 매운탕으로 끓였다. 맛 또한 끝내주었다. 우리 일행이 진을 친 바로 옆 한

인교포 2세들이 주말을 즐기고 있었다. 이곳에선 연어가 워낙 흔한 것이어서 육질은 사료용으로 쓰고 채란만 해 술안주나 밥반찬으로 이용한다는 것이다.

2세들은 연어에서 빼낸 알을 장작개비로 지핀 끓는 물에 살짝 담근 후 삼베 조각에 얹어 흔들면 잡티 제거와 함께 비린내를 제거할 수 있다고 귀띔한다. 기자는 토스트 크기로 조각낸 흘래버 빵에 두 숟갈 정도의 연어 알을 발라 먹었다. 맛은 일품이었다. 국내산 성게 알이나 해삼 창자 맛도 좋지만 연어 알도 결코 이에 못지 않았다. 캐비어 알과 대적할 만하다고 할까?

연어의 국별 생산 동향은 일본이 15만톤으로 가장 많고 미국 6만톤, 캐나다 3만톤, 구소련 2만 5,000톤으로 집계되고 있다. 이 같은 어획을 위해 한국을 비롯한 이들 국가가 저마다 방류사업을 늘려 엄청난 투자를 하고 있다. 한국은 여건이 이들과 비교할 때 크게 불리한 편이다. 그러나 새끼 민어 방류마저 늘리지 않으면 연어 소상은 기대할 수 없다.

30여 년이 지난 지금도 기자는 그때를 잊지 못한다. 자원 빈국이 부국으로 치닫는 길은 오로지 모천 회귀성 어족의 방류량 확대와 정부의 확고한 지원이 뒷받침돼야 한다.

수산 대기자 남달성의 회상 ❷

첫 해외 어장개척에 나서다

첫 해외 어장개척에 나서다

　흔히 인간은 3대 욕구를 갖는다고 한다. 소유와 향락 그리고 창조가 그것이다. 이 가운데 창조가 가장 값지다. 왕성한 지식욕, 부단한 향상의 정신, 강렬한 성취욕, 진취적 기상, 이 모두가 창조 욕구의 다른 표현이다. 특히 미지에의 동경은 해양탐험의 원동력이기도 하다. '제임스 쿡' 선장은 영국 왕립학회의 요청에 따라 8년 반 동안 인류 최초로 남위 60도까지 진출했으나 끝내 남극대륙을 발견하지 못한 채 하와이 원주민에 의해 살해됐다. 우리나라 원양어업의 효시였던 1백 톤에 불과한 '지남 호' 역시 8~10미터 높이의 파도를 뚫고 적도를 넘어 낯선 땅 사모아에 터를 잡고 참치 잡이에 나섰다.

　이것 또한 생명을 담보로 한 진취적 기상이 아니고 무엇인가? 이렇듯 인간은 자신이 살고 있는 곳을 떠나 저 너머에 있을 미지의 세계로 가 보고 싶은 존재인지도 모른다. 그곳에는 천사들만이 춤추는 아름다움과 아귀다툼이 없는 평화로움만으로 채색돼 있을 듯한 생각이 뇌리에 가득 차 있는 게 아닌가 싶다. 영국의 시인 '스티븐 스펜더'는 파도 위를 나비가 날다 익사하는 풍경을 그림처럼 묘사한 '바다의 풍경'이란 시를 왜 읊었을까. 그러나 바다의 현실은 이와 사뭇 다르다. 흔히 시와 소설의 주제가 되는 그런 낭만적인 곳은 아니다. 세찬 격랑과 맞싸워 시련과 역경을 딛고 일어서지 않으면 꿈을 키우지 못한다.

미크로네시아 상어어장 조사

기자는 난생 처음으로 1975년 4월 19일 '수산진흥원' 소속 시험조사선 '태백산호'(309톤 선장 '이득태')를 타고 부산 남항을 떠나 '미크로네시아' 상어어장 조사에 나섰다. 중서부 태평양에 광활하게 펼쳐져있는 '미크로네시아'는 유인도 96개와 무인도 2,044개로 형성돼 있다. 이 가운데 '태백산 호'가 들른 섬은 '미크로네시아' 행정 중심도시 '사이판 섬'을 비롯, '괌 섬'에서 북쪽으로 160킬로미

사이판 근해에서 잡은 길이 3.8m, anrp 1.2 t짜리 편두상어

터나 떨어져 있으나 '사이판 섬'에선 8킬로미터 거리 밖에 안 되는 '티니언 섬', 그리고 어디에서도 보기 드문 바다 밑 환초(環礁)와 수령 4~5년에 불과한 '맹그로브'가 바닷속에서 밀림을 이루는 '팔라우 섬' 등 모두 3곳.

'팔라우 섬'은 최근 들어 '신들의 바다정원'으로 불려 세계적 관광지로 각광받고 있다. 또 '미크로네시아' 섬들 가운데 가장 어업이 발달해 어업의 중심지로 성장하고 있다. 취재 당시 이들 섬은 유엔 신탁통치령에 따라 관리됐지만 지금은 대부분 자치령이 되거나 독립국가가 돼있다. 팔라우는 대표적 독립국가다. 이윽고 " 야! 상어다" 라는 소리가 선내 확성기를 통해 흘러나온다. 상갑판 위에서 오랫동안 망을 보던 '오희국 단장'(37 '수산과학원' 연구관)이 흥분을 감추지 못하고 소리쳤었다. 상어의 몸부림으로 메인 로프에 달린 가짓줄이 팽팽하게 당겨진다.

데크(갑판) 위의 라인홀러(양승기 줄을 끌어 올리는 기계)가 감기면서 상어는 서서히 선박 우현 쪽으로 끌려온다. 드디어 회색 등이 수면위로 드러냈을 땐 선원들은 저마다 감탄의 소리를 질렀다. 상어 몸뚱이가 너무 컸기 때문이었다. 보통 2백~6백 킬로그램이라면 그대로 끌어 올려도 되겠지만 이 상어는 만만치 않아 보인다. 창지기 '김영승 기사'(29)가 연신 상어 등에 창을 꽂았다. 하나, 둘, 셋, 창을 찌를 때마다 상어는 최후의 발악으로 몸을 뒤틀었다. 마치 옹달샘에서 샘물이 솟는 것처럼 창이 꽂힌 상어 몸뚱이에서 연신 검붉은 피가 치솟았다.

5분쯤 지났을까, 기진맥진한 상어는 호이스트(무거운 화물을 끌어올리는 기계)에 감겨 데크 위에 나동그라졌다. 몸길이 3.8미터, 무게 1.2톤짜리 편두상어였다. 국내에선 구경조차 할 수 없는 대형 상어다. 그해 4월 28일 첫 시험조업에 나선 이 날 모두 5.5톤을 어획했다. 조획률은 8.4퍼센트. 참치 조획률 1.0~1.05퍼센트에 비해 5배나 되고 상어 조획률 5퍼센트를 훨씬 상회했다는 것. "와! 이게 뭐야" 데크 위에서 상어 내장을 처리하던 선원들이 일제히 고함을 질렀다. 대형 상어 내장 속에서 몸길이 50센티미터짜리 3년생 거북 한 마리와 새끼상어 3마리가 소화되지 않은 채 나왔기 때문.

더욱 놀라운 사실은 상어 뱃속에서 맥주 깡통 2개가 나오고 2년 전 다른 어선에서 어획한 상어에서 여자 상체가 나와 선원 모두가 혼비백산했다는 것이다. 그래서 이곳 주민들은 상어육질은 먹지 않는다. 또 상어들이 연안 깊숙이 들어와 수영객들을 해치고 5~10월에 이곳 연안으로 몰려오는 가다랑어를 잡아먹기 때문에 이의 자원보호를 위해 반드시 상어를 잡아야 한다고 우리 배에 탔던 '리몬 라이체베이' 수산관(25)은 강한 어조로 말한다. 특이한 것은 전 세계적으로 상어를 식용으로 하는 국가는 우리나라를 비롯, 일본과 노르웨이 등 세 개 국가뿐이다.

이 가운데 우리나라가 대체로 골고루 먹는 편이다. 특히 경북지방에선 상어를 '톰박이' 또는 '돔배기'로 부르기도 하고 이를 제사상에 반드시 올린다. '톰박이'란 말은 상어를 통째로 팔지 않고 1~2킬로그램씩 잘라 4각형태의 토막으로 판매하면서 경북지방의 방언으로 통용되는 것으로 풀이된다. 그러나 일본의 경우 소시지를 만들 때 주원료의 50~60퍼센트를 상어고기로 공급한다는 것이다. 1970~80년대만 하더라도 우리나라에선 상어만 잡는 '상어유망수협'이 있었다. 또 조합원만도 50~60명이나 될 뿐 아니라 관련 어선이 많을 땐 1백 척이 넘었다. 하지만 지금은 선호도가 낮아 사양화로 치닫고 있다.

관광지가 된 섬

'사이판 섬'은 제2차 세계대전 중 남태평양 여러 섬 가운데 가장 치열한 전쟁을 치른 곳이었다. 때문에 아직도 전쟁의 상흔이 가시지 않은 여러 격전지가 섬 곳곳에 남아있다. 이 가운데 가장 유명한 곳이 자살절벽. 섬에 상륙한 미군에 쫓긴 5천여 명의 일본 군인이 섬 북쪽 끝에 있는 자살절벽에 이르러 더 이상 갈 곳이 없게 되자 250미터 높이의 절벽 아래로 몸을 던져 옥쇄한 것이다. 이 절벽 아래쪽에는 만세절벽이 있는데 끝까지 항쟁하던 일본군이 마지막 만세를 부르며 숨져간 곳이다. 이곳에서 동쪽으로 나가면 일본군이 최후로 진을 쳤던 사령부 터가 남아있다.

취재 당시 30년이 지난 그때까지 녹슨 기관포가 들판에 있고 바닷가에는 녹슨 탱크가 물에 반쯤 잠겨있었다. 또 사령관이 머물렀다는 동굴이 있는데 이것이 오늘날 '미크로네시아'의 관광명소가 되고 있다. '사이판 섬'과 가까운 '티니언 섬'은 제2차 세계대전 때 7,000여 명의 한국인이 징용으로 끌려와 곤욕을 치렀던 곳이다. 대전 중 미군이 이 섬을 점령한 후 비행장으로 썼다. 놀라운 사실은 1945년 8월 9일과 11일 일본 '나가사키'와 '히로시마'에 투하했던 원자폭탄을 이 곳에 숨겨 놓았다가 실어 갔다는 사실이다. 당시 B-29 슈퍼포트리스 폭격기인 '에놀라 게이(Enola Gay)'가 바로 이곳에 숨겨놓은 원자폭탄을 싣고 이륙했다.

그날따라 2,531킬로미터의 안개 낀 하늘을 3시간여 비행, 투하한 것이다. 세계 최초의 핵 공격이었다. 기자는 1975년 4월 어느 날 원자폭탄을 감춰 놓았던 깊이 10미터, 직경 1미터가 채 안 되는 웅덩이를 직접 확인하고 주위를 살펴봤다. 아직도 8개의 활주로와 원폭장치장 등 그때의 형체가 빛바랜 채 그대로 남아있는 것으로 확인했다. 제1차 강제징용 때 동료 150명과 함께 끌려왔다는 '김육곤 씨'(취재 당시 80)는 "징용으로 끌려와 지금까지 살아남은 동료는 겨우 4명 뿐"이라고 말했

사이판 티니안 얍등 미크로네시아 주민들이 바닷가에서 그물을 쳐 고기를 잡고 있다.

다. 38년 전 (취재 당시) 일본의 한 무역회사 사원으로 이곳으로 온 '전경식 씨'(61)는 오랜 고생 끝에 '티니언 섬'에서도 가장 좋은 땅 10헥타르를 지닌 농장주인으로 남부럽지 않은 생활을 하고 있었다.

그러나 징용으로 끌려온 한국인들은 부두축조와 비행장 기초시설공사 등 힘든 일을 감당하지 못했거나 일본인들의 채찍질에 견디지 못해 숨져갔다. 그들은 그럴 때마다 '아이고 죽겠다'를 되뇌이고 기쁠 때나 슬플 때엔 선창가에서 '아리랑'과 '도라지'를 불렀다고 현지 주민들은 생생히 증언하고 있다. '사이판 섬'은 1520년 '마젤란' 일행에 의해 발견된 뒤 스페인, 독일, 일본에 차례로 예속되는 불운을 겪었다. 제2차 세계대전이 끝난 뒤 6년 동안의 미군정을 거쳐 1962년 유엔 신탁통치령이 있기까지 험난한 역사를 거치면서 원주민 '차모로인'의 피는 거의 이국인들과

다양한 상어. (왼쪽 위부터 시계방향으로) 귀상어, 뱀상어, 참상어, 청상어

섞이고 말았다.

상어 득실거리는 바다

마리아나구의 경우 인구 2만 명 가운데 어민은 겨우 79명. 그나마 보트를 타고 나가 참치와 가다랑어 아니면 리프피시를 낚거나 연안 물고기를 창질 또는 그물질로 잡는 게 고작이다. 특히 가장 큰 어선은 39톤짜리. 그것도 사들인지가 3개월 밖에 안 된 것이어서 이곳 어업규모를 대략 짐작하게 한다. 너무나 풍부한 자원 탓으로 이곳 어민들은 한 달 동안 겨우 보름정도만 일할 뿐이다. 하루 저녁 스피드 보트를 타고 나가면 2백 달러어치의 고기를 낚을 수 있기 때문에 이렇게 놀고서도 생활의 어려움을 느끼지는 않는다고 말한다. 이 같은 현상으로 "수산업 진흥은 오히려 어렵다"고 '팔라우'의 수산관 '아나타시오 프로배송'씨(33)는 불평을 털어놓는다.

'사이판 섬'에는 택시가 없는 게 특색. 먼 거리까지 가려면 지나는 짐차 등을 손짓으로 불러 타야 한다. 별로 바쁘지 않은 차들은 대부분 친절히 베풀어 준다. 우리 일행도 한번 신세를 지고 운전사에게 상어잡이 미끼로 가져간 고등어 한 상자를 답례로 주었더니 무척 좋아하는 표정을 지어 보였다. 미크로네시아 당국은 연근해 어업을 육성하기 위해 1973년 「수산진흥법」을 법제화하고 6개 구마다 수산과를 두었다. 또 어업협동조합도 어로자금을 신용 대출하도록 하고 영해 안에서 조업하는 모든 외국어선에 대해 현지주민들을 절반이상 승선시킬 것을 요구하고 있다.

특히 가다랑어, 참치, 리프 피시 등 연안해역의 인기 어종에 대한 어로조건은 꽤 까다롭다. 다만 상어잡이만은 어지간히 봐주고 있는 셈이다. '태백산 호'는 이번 시험어장 조사에서 모두 14차례의 시험조업 끝에 모두 28톤의 상어를 잡았다. 전체 조획률은 8.1퍼센트로 대체로 성공적이었다. 어느 해역엘 가나 '편두상어', '귀상어', '뱀상어', '청상어' 등 갖가지 상어가 득실거렸다. 겨우 2백50개의 낚시를 드리운 것만으로 2톤 정도를 어획했다. 조사단은 이번 상어 시험조업에서 전망이 밝은 것으로 결론 내렸다. 현지 주민들은 하루 빨리 한국 상어잡이 어선이 이 곳에 와 조업해 줄 것을 학수고대하고 있다.

수산 대기자 남달성의 회상 ❸

지상낙원 팔라우서
가다랑어를 잡다

참치 채낚기

　1975년 4월 기자가 취재현장으로 달려간 그때 팔라우에는 130여 명의 한국인이 살고 있었다. '국제원양'과 '유창산업' 소속 어선원 80명, 소시오(대표 정병욱 괌도 교민회장) 건설단원 50명, 중앙산업과 조선기술자 등. 이들은 어떤 직종이든 평균 35~36℃를 오르내리는 숨막히는 뙤약볕 더위를 감내하면서 달러를 버는 데 온 힘을 쏟고 있었다.

　국제원양 소속 어선원 55명은 자사 소유의 어선 3척에 나눠 타고 가다랑어잡이에 나서 제법 쏠쏠한 재미를 보고 있다는 소식이었다. 가다랑어는 1970년대 중반만 해도 팔라우 지역의 달러박스였다. 어선 한 척이 잘만 하면 하루에 4~5t 어획은 거뜬히 할 수 있어 달러 가치가 높았던 그 시절에도 하루 1,000~1,300 달러를 버는 것은 그리 어려운 일이 아니었다. 특히 가다랑어는 그물로 잡는 방법도 있으나 그땐 미늘 없는 낚시로 채 낚는 게 대세였다.

수산 대기자 남달성의 회상

유목을 찾아라!

취재에 열중하던 기자는 어느 날 가다랑어잡이 어선 오레김호(38t, 선장 남영택)를 탈 수 있는 기회를 얻었다. 오레김호는 밤 9시쯤 팔라우 제1의 항구 코롤항을 떠났다. 우선 가다랑어가 즐겨 먹는 활멸치를 잡기 위해 산호초가 많은 해역을 찾아 아주 작은 그물코로 3시간 이상 작업했다. 어창에는 등줄기가 검은색을 띤 몸길이 5~6cm 짜리 멸치가 LED 등불에 반사돼 활기찬 모습을 보였다. 오레김호 어선원은 모두 16명. 하지만 어군이 대량으로 몰려올 땐 조타실에 타수 한 명과 기관실에 기관원 한 명 등 두 명을 제외하곤 모두 가다랑어 잡이에 나선다. 그들은 선수 앞부분이나 선미 쪽의 자기 자리를 찾아가 미늘이 없는 속임 낚시로 가다랑어를 채 낚아 데크 위에 떨어뜨린다는 것이다. 그러기 위해선 글라스맨(망지기)들의 역할이 지대하다. 각자 사방으로 방향을 잡은 4명의 글라스맨들은 동이 틀 무렵부터 상갑판 위에 올라가 가다랑어 어군을 찾는데 혼신의 힘을 쏟는다.

대양에 떠다니는 유목. 길이 10여미터, 직경 0.8미터 안팎의 유목 아래엔 그림자가 드리워져 어군이 항상 몰린다

"글라스맨들은 물속 깊숙이 있는 가다랑어 어군을 볼 수 없어 하늘에서 떼 지어 맴도는 갈매기 떼를 직접 찾거나 아니면 대양을 떠다니는 나무토막(流木)을 찾아 나서는 게 일상입니다. 한 무리의 갈매기 떼가

아래 위로 질서 있게 움직이면 반드시 그 바닷속엔 가다랑어 대군(大群)을 만날 수 있지요. 그렇지 않고 새치나 잡어 떼가 있는 수면 위에서는 갈매기 떼가 궤도를 벗어난 채 무질서하게 움직이지요. 또 바다 위를 오래 떠다니는 길이 15~20m, 지름 1~1.5m 정도의 유목은 하나의 어초 또는 어부림 역할을 해 어군이 몰려들게 마련입니다"라고 글라스맨 김경남 씨(36)는 설명했다.

놀라운 사실은 일본에선 해마다 5,000개 이상의 원목을 바다에 띄워 가다랑어 어업을 육성하고 있다는 것이었다. 이 말을 들은 기자는 할 말을 잊었다. 오전 11시쯤 김 씨의 망원경에 유목 한 개가 포착됐다.

데크에 쌓이는 가다랑어

"풀 스피드!"

남선장의 명령에 따라 우리 배는 대양의 물결을 가르고 앞으로 힘차게 항진했다. 선미에선 오레김호가 항적을 표시할 양으로 흰 포말(泡沫)을 연신 뿜어댔다. 그러나 그 포말은 오래가지 못한 채 흔적도 없이 사라져갔다. 우리 배가 최고속력으로 달릴 때 어느 틈에 유목을 보았는지 일본어선이 나타났나 했더니 또 다른 한쪽에선 같은 한국어선인 게림디오호(38t)가 숨차게 달려오는 것이었다. 유목을 향해 세 척의 어선은 전쟁을 치르 듯 마구 달렸다. 40분쯤 지났을까? 어선 세 척이 거의 동시에 유목 500m 가까이에 다다르자 선원들은 미리 준비해 온 활멸치를 살수(撒水)와 함께 뿌리기 시작했다. 그제서야 수심 200m 물밑에 있던 가다랑어가 멸치 냄새를 맡고 거의 수면 위로 올라와 던져준 활멸치를 잡아먹기 위해 분주히 돌아다니는 것을 확인할 수 있었다.

조타실의 키잡이와 기관실의 기관원 한 사람을 제외한 14명의 선원 모두가 뱃머리와 꼬리 쪽에서 속임낚시가 달린 길이 2m가량의 대나무로 가다랑어를 채낚는다. 은빛 가다랑어가 낚싯줄에 걸린 채 공중으로 휙 날다간 데크 위에 툭 떨어지곤 한다. 툭! 툭! 투우욱! 숨 쉴 사이 없이 데크에 떨어지자 제법 소복이 쌓인다. 1분, 2분, 3분… 5분쯤 지났을 무렵, 데크 위에는 2t 가량의 가다랑어가 쌓였다.

기자는 이 현장을 흥미진진하게 구경만하다가 남 선장의 권유에 따라 낚시대를 흔들어 20마리 이상을 잡았다. 한 마리 무게는 작은 놈이 3kg, 큰 놈은 5kg 짜리도 적지 않았다. 오레김호는 귀항길에 또 한 차례의 어군을 만나 모두 5t 가량의 가다랑어를 낚았다. 팔라우에 기지를 삼고 있는 국가는 우리나라를 비롯, 일본 및 팔라우 등 3개국이고 조업어선이래야 모두 13척에 불과하다.

지난 3월 유창산업 배 2척이 이곳에 온 것을 포함, 한국이 5척이고 같은 어장에서 낚시질 하는 일본이 5척이었다. 현지 주민 소유는 3척에 지나지 않는다. 우리 선원들은 현지 주민이나 일본 선원들보다 불리한 조건으로 취업하고 있긴 하지만 한결같이 열심히 일하고 있었다. "우리나라 가다랑어 어업은 겨우 5년 안팎에 불과합니다. 일본의 30년에 비하면 풋내기이지만 그래도 열심히 일한 보람으로 이제 척당 한 달 평균 90t의 어획고를 올리고 있지요. 장비와 기술이 앞선 일본의 1백t에 바짝 다가서고 있습니다."

오레김호 서옥석 항해사(29)의 숨김없는 애기였다. 잡은 가다랑어는 판로가 제각각이다. 우리나라는 주로 통조림으로 가공, 수출하거나 국내 시판에 나서는데 2000년대까지 소비량이 증가했으나 그 이후론 일정량을 유지한 채 답보상태에 머물고 있는 실정이다. 반면 일본은 전량 자국에 들여와 통조림과 함께 사시미(생선회)로 대량 소비한다.

생선회 얘기가 나왔으니 하는 말이지 일본은 생선회로 소비하는 물량이 1975년 당시 연간 37만~38만t을 헤아리고 있었다. 요즘은 그 소비량이 전보다 늘었으면 늘었지 줄진 않았을 것

팔라우 석호

이란 게 기자의 판단이다. 그러나 가다랑어는 횟감용으로는 우선순위에서 밀린다. 참다랑어가 그 첫째다. 그 만큼 값도 비싸다. 1979년 8월 일본 동경 어느 참치 횟집에서 선배 한 분과 점심을 함께 한 적이 있다. 이상한 일이었다. 그 선배는 4조각만 먹고 젓가락을 놓았다. 나는 너무 맛이 있어서 더 먹고 싶었는데… 나중에 안 사실이지만 한 조각에 380엔(한화 3,800원)으로 엄청나게 비싼 편이었다. 당시 환율은 180대 1이었다. 그래서 일본사람들은 비싼 회 한 조각을 놓고 세 번 먹는다고 한다. "우선 고급 생선회가 식탁에 올라오면 눈으로 먹고, 두 번째는 손으로 만져 그 촉감으로 맛을 본다. 그리고 마지막엔 혀로 맛을 음미한다"는 것이다.

신들의 낙원

참다랑어는 미국과 캐나다 사이 뉴파운드랜드 근해와 하와이 북동쪽, 그리고 호주 남쪽 바다 및 지중해 연안에서 나지만 생산지역에 따라 값이 상당한 차이가 있다. 참치류는 먼 바다 즉 원양에서 대부분 잡기 때문에 영하 60℃ 이하의 저온

에서 저장한다. 그러나 팔라우에서 잡은 가다랑어는 그대로 일본으로 공수되기 때문에 선호도가 꽤 높은 편이다. 일본은 제1차 세계대전 후 소유권자인 독일로부터 팔라우를 사들였다. 그들은 제2차 세계대전의 야욕이 있었는가에 대해선 물음표를 가질 수밖에 없지만 전쟁 전에는 농수산업 경영과 전기와 수도시설을 갖추는데 전력을 쏟았다. 그래서 태평양 함대사령부를 설치한 것 같기도 하다.

실로 팔라우를 여행한 사람들은 알겠지만 이곳은 '신들의 낙원'으로 표현한다. 혹자는 '지상천국' 또는 '남태평양의 숨겨진 보석'이라고도 한다. 비행기에서 내려다보는 팔라우는 졸망졸망한 섬 사이에 산호초로 일궈진 석호(潟湖, 일명 Lagoon)도 유명하지만 그 석호에 부딪히는 쪽빛 바다 물결과 백색 파도가 어우러져 더 아름다워 보인다. 또 다이빙의 천국으로도 널리 알려져 있다.

그들의 전통가옥인 '바이'도 멋스럽다. 그러나 우리와는 슬픈 지난날을 잊을 수 없다. "쌍고동 울어 울어 연락선은 떠난다…" 팔라우의 코롤항 선창가에서 구성진 노래 소리가 들려왔다. 그것도 혼자서 부르는 게 아니라 여럿이 부르고 있었다. '아리랑'은 어머니로부터 배운 초등학교 어린이들도 심심찮게 부르곤 한다. 혹시 한국인이나 2세가 아닌가 하고 생각했으나 이곳 주민들이었다. 그들은 우리 노래를 썩 잘했다. 제2차 세계대전 때 징용으로 끌려간 한국 사람들로부터 배웠다고 말했다. 당시 한국에서 이곳에 온 징용인은 8,000명이 넘은 것으로 조사됐다. 사이판과 티니안까지 강제동원된 사람들을 포함하면 2만 명에 육박하는 것으로 추정된다. 그들은 주로 농장에서 코프라를 생산하거나 광산에서 인산염을 채굴하다가 일이 너무 힘에 겨우면 '아이고 죽겠다'를 되뇌었다고 현지 주민들은 귀띔했다. 이 곳 어느 지역에 징용된 334명 가운데 151명이 현지서 사망한 것으로 알려졌다.

'아이고 다리'

팔라우 국토 면적은 우리나라 경기도 이천시와 비슷한 459㎢, 340개의 섬으로 구성된 국가다. 그러나 인구는 2만 1,500여 명 안팎이다. 그럼에도 2021년 기준, 국민 1인당 GDP는 1만 달러. 이 가운데 관광수입이 전체의 50%에 육박한다. 지난 1994년 11월 완전한 독립국가로 인정받은 팔라우는 자연환경 보존을 최우선 정책으로 삼고 있다. 때문에 지금까지 코로나 확진자가 거의 없다는 것이다. 그만큼 공항 관리와 외지인에 대한 검사가 철저하다.

독립 이전에는 미국의 자치보호령이었다. 그들은 주로 망고와 다비오카 파파야 등 열대성 과일을 주식으로 하고 약간의 환각작용을 하는 비틀너트 열매와 산호를 으깨 만든 가루에 라임을 섞어 씹는 것을 즐긴다. 재미있는 사실은 주민이나 외국인을 가리지 않고 음주허가증 없이는 술을 마실 수가 없다는 것이다. 만약 이를 어길 때는 50달러의 벌금을 물게 된다. 또 이들에게 술을 판 술집은 한 달간 영업정

아이고 다리

지 처분을 받는다.

이같이 술 마시는 것에 대해 엄중한 것은 마이크로네시아의 다른 어느 지역보다 이곳 청소년 범죄가 말썽이 되고 있기 때문이다. 경찰은 만 20세가 넘은 성인에 한해 음주허가증을 발급한다. 유효기간이 1년이면 10달러, 한달 짜리는 2달러만 주면 된다.

주목할 것은 최근 우리나라와 팔라우간에 깜짝 놀랄만한 일이 생겨나고 있다. 지구 온난화에 따라 해수면이 높아지자 수랑겔 휩스 팔라우 대통령은 지난해 5월 18일 자국을 한국의 제주도에 예속시키겠다고 폭탄선언을 함으로써 세계가 주목하게 됐다. 여러 가지 이유가 있긴 하지만 우리나라의 해양 플란트공법이 가장 앞서고 있기 때문이다.

제2차 세계대전 당시에는 많은 한국인들이 강제징용돼 고초를 겪은 역사적 사실을 팔라우 주민들은 알고 있다. 그래서 더욱 우호적이다. 지금 그곳에 있는 코롤과 응게가페상섬, 코롤과 말라카섬, 코롤과 바벨탑섬을 잇는 연육공사를 한국인들과 현지주민들이 건설했다. 교량명은 '아이고 다리'다. 한국인 희생자 추모공원이 있고, 팔라우 비경에 반해 그곳에 정착한 한국인들도 있다.

수산 대기자 남달성의 회상 ❹

남극해 크릴 조업에 나서다

세계 8번째 쾌사

동방의 작은 나라 대한민국. 그것도 전쟁으로 절반으로 갈라진 나라. 그러한 대한민국이 세계 8번째 남극해 크릴 조업 국가로 나섰다. 1978년 12월 7일 오후 5시, 남북수산 소속 남북호(5,549t, 선장 이문기)는 정부 대행으로 국내 제1의 항구도시 부산항 제1 부두에서 배웅 나온 친지들을 뒤로한 채 닻을 걷어 올려 부산 외항까지 서서히 운항했다.

외항은 파도가 3m가 넘어 다소 거칠었지만 남북호는 전혀 이에 아랑곳하지 않고 선수를 남으로 돌려 시속 18노트의 전속으로 항진했다. 초겨울이어서 그런지 바깥은 칠흑 같은 어둠이 깔려있었다.

남극해 크릴은 학자의 견해에 따라 잠재 자원량이 천차만별이다. 혹자는 크릴 자원량을 최대 60억t으로 추산하는가 하면 어떤 학자는 10억t으로 잠정 집계하기도 한다. 물론 양쪽의 주장이 틀렸다 하더라도 세계 160여 연안국들의 연간 어획

크릴 어획물 양망 모습

량이 1억 4,000만t이란 점을 감안한다면 크릴 자원량이 얼마나 많은가를 짐작할 수 있으리라 본다.

고래는 수중에서 입을 최대한 벌려 물과 함께 크릴을 빨아들인 후 크릴만 삼키는데 하루에 50~60t짜리 고래의 경우 약 3t을 먹는 것으로 기록돼 있다.

특히 대다수 해양학자들은 크릴이 '인류 미래의 식량자원'이 될 것임엔 누구도 부인하지 않는다. 크릴은 연안국들의 200해리 경제수역이 선포되면서 더욱 관심의 대상이 되고 있다. 지금은 크릴 어체에서 혈관 개선을 돕는 물질을 추출하지만 머지않아 크릴의 식량화가 눈 앞에 펼쳐지리라 확신한다.

실제로 식량이 부족한 구 소련은 1960년대 '페이스트'란 식품을 만들었으나 국민 선호도가 낮아 생산을 중단한 것이다. 크릴이란 어원은 18세기 중엽 노르웨이인들이 남극해에 진출, 고래사냥을 하면서 '고래의 먹이'란 뜻으로 이름 지은 것이다.

3개월간의 항해

기자의 남극해 진출에 대한 꿈은 그리 쉽게 이뤄진 것은 아니었다. 그해 9월 신태영 신임 수산청장이 초도순시차 부산에 내려와 부산공동어시장에서 시내 7개 수협 조합장들과 부산 수산계에 대한 현안 브리핑을 하고 있을 때 신 청장에 대한 특별면담을 요청했다.

회장실에는 조합장들과 수행공무원, 비서관 등 10여 명이 진을 치고 있었다. 신 청장이 기자가 있는 곳으로 다가와 "왜 다리를 다쳤어?"라며 기자의 등을 두드리면서 말문을 열었다. 그때 기자는 사내 축구대회에서 다리를 다쳐 목발을 짚고 다녔다.

기자는 즉석에서 "남극해에 보내주십시오"라며 간청했다. 그러나 "다리가 아픈데 갈 수 있겠어?" 라고 되물었다. "예 그때까진 나을 수 있습니다"라고 대답했다.

남북호

대화는 이 정도로 끝났지만 문제는 본사와의 관계가 남아 있었다.

당시 박원근 동아일보 지방부장은 "3개월은 너무 길다. 50일쯤 취재하고 돌아올 수 없느냐?"고 물었다. 이는 선박에 대한 개념을 너무 몰랐다고나 할까. 어쩔 수 없이 사정 얘기를 했더니 못마땅한 표정으로 허락은 해주었지만 기분 좋은 내색은 끝내 보이지 않았다. 기자인들 마음이 편하겠는가?

적도제를 지내고

날이 밝아 온다. 고요한 바다, 그리고 바람 한 점 없는 무풍지대가 이어진다. 수평선 멀리서 드문드문 스콜이 쏟아지고 머리 위에 걸린 해가 뙤약볕 열기를 내려 쏟던 1978년 12월 25일 오후 5시 31분. 요란한 사이렌 소리가 길게 꼬리를 잇는다.

"지금 본선은 적도를 통과하고 있습니다." 사이렌은 남북호가 적도를 완전 통과한 25초 동안 계속됐다. 곧이어 적도제가 치러졌다. 잘 삶은 돼지머리 3개, 청주와 과일, 떡으로 제사상을 차렸다. 그리고 허종수 조사단장과 사관급 선원들이 제주

① 남극 크릴 ② 선상에서 방금 잡힌 크릴 새우의 생태와 이용가치 등을 연구하는 조사단원들

가 돼 해신 포세이돈에게 안전항해와 풍어를 비는 의식을 치렀다.

제사가 끝나자 맥주와 소주가 전 선원과 승객들에게 나뉘어져 모처럼 선상파티가 벌어진다. 흥겨운 노래 소리와 엉덩이춤이 절로 나온다. 적도제 기념 선상 바둑 장기 윷놀이 대회도 열렸다.

팀은 갑판부와 기관부 조사단과 보도진 등 네 팀이었다. 선미 데크에 텐트를 치고 일진일퇴하는 바둑과 장기의 겨룸은 등줄기를 타고 흐르는 땀도 아랑곳없다. 마지막 결승 윷놀이 대회가 열렸다. 갑판부와 조사단팀이 결승에 나선 것이다. 이때 선미 쪽에서 분장을 한 젊은 선원들이 꽹과리와 북을 두드리고 선단 측 응원에 나섰다.

누더기 옷을 걸친 이들은 기가 막힌 모습으로 연기(?)를 해낸다. 결국 응원의 보람도 없이 승리는 조사단 측으로 넘어갔다. 선상파티는 밤 12시 넘도록 부서별로 진행됐다. 그 사이 배는 남으로 항진한다. 스웰이 한 번씩 선저를 치고 훑어 나간다. 하늘까지 치솟는 파도, 그 파두(波頭)에서 흩날리는 물방울이 꼭 살아 있는 것만 같다. 날이 갈수록 육지와 멀어지는 남북호는 오직 육지 교신수단으로 통신시설 밖에 없다. 남북호에는 12MHz(메가헤르츠)를 비롯 16.22MHz 등 세 대의 통신기를 보유하고 있다.

"야, 패치(Patch)다!"

남극수렴선을 통과하면서부터 보도진들은 이들 통신기의 신세를 톡톡히 졌다. 대기전리층을 이용, 전파를 발사한다는 이 통신은 처음 남극해에서 한국까지 통신이 불가능한 것으로 판단했다. 그러나 그것은 쓸데없는 걱정이었다. 저녁 6시부터 밤 10시까지가 교신시간. 날씨가 안 좋을 땐 이틀 또는 사흘 동안 교신이 안 돼 교신량은 늘어나게 마련이다.

부산을 떠난 지 만 40일. 8,700 해리를 쉬지 않고 달려온 남북호는 남극해에 이르러 너울거리는 대양에 다소 흔들리면서도 피로한 기색 없이 3번 마스트 굴뚝으로부터 잿빛 연기를 내뿜고 있다.

구름이 온통 하늘을 뒤덮고 새벽녘부터 내린 싸라기눈이 갑판 위에 제법 쌓였다. 부근엔 높이 40~50m, 길이 200~300m의 빙산이 빽빽이 둘러싸고 있다. "야, 패치(Patch)다!" 편광 글라스를 끼고 어군을 찾던 당직 항해사가 오랜 조타실의 침묵을 깬다. 아니나 다를까 선수 좌현 30도 방향 반경 100여m가 여느 바다와는 달리 다갈색으로 물들여져 있다. "저, 저기에도 보입니다." 견시원들도 너나없이 선수 정면과 우현쪽 크릴을 보고 외친다. 1979년 1월 17일 오후 2시 남위 64도 42분 3, 동경 111도 32분 8에 다다른 남북호 선상.

어군이 나타났다는 얘기가 순식간에 퍼지자 선원들은 일제히 갑판 위로 뛰어나왔다. 저마다의 눈초리에는 '저걸 잡아야 한다'는 사나이들의 굳은 의지가 엿보인다.

"갑판원 올 스탠바이!" 이윽고 박형관 어로장(52)은 조업 개시를 명령한다. 대망의 첫 어로다. 체격 좋은 갑판원 8명이 선미 양쪽으로 갈라서자 투망명령이 떨어졌다. 크나큰 각설탕 모양의 빙산이 사방을 에워싼 그 속을 남북호는 2노트 속력으로 서서히 항진한다. '찌르륵 찌르륵' 어군탐지기가 계속 크릴 분포상황을 그래프지에 그린다. 그럴 때마다 그물 입구에 장치된 발신기는 어망 속으로 들어가는 반사체(크릴떼)를 푸른 빛으로 기록지에 보내준다. 현재 기록지에 나타난 크릴은

남빙양 크릴 새우 개척단들.
(앞줄 왼쪽부터) 박형관 어로장, 허종수 조사단장, 이문기 사장, 뒷줄 왼쪽 세번째가 남달성 기자

수심 60m 층에서 떼 지어 회유하고 있다. 약 20m 그물을 더 깊이 넣어야 한다.

"투망개시!"

남극해의 크릴 조업은 1961년 당시 소련의 시험조사선 아카데믹 니포비치호 (3,165t)가 모자라는 자국 식량을 충당하기 위해 처음으로 웨델과 스코티아 연안으로 가서 조업했다. 일본 역시 같은 해에 동경수산대학 실습선 해응환(1,250t)을 엔더비 연안으로 보낸 이후 출어 척수는 해마다 늘어 1978년엔 349t급 자선 10척이 붙은 모선 선단과 2,000~3,000t급 트롤선 9척을 파견, 4만 1,600t을 목표로 조업하고 있다.

조타실 위 망루에는 태극기가 동남풍을 타고 힘차게 펄럭인다. 2시간이 지났다. 조타실에 양망 지시가 내려진다. '툭 투욱' 어망을 끌어 올리는 직경 34mm의 와이어로프가 그물과 바닷물의 장력 때문에 꽤 힘겹게 윈치에 감긴다.

"어획이 많을 땐 이 로프에 튕겨 바다에 빠지는 어부들도 적지 않지요." 갑판장의 얘기다. 드디어 그물 끝부분이 올라온다. 마치 서해안 젓새우와 같은 크릴이 갑판 위에 쏟아진다. 첫 투망에 2.6t을 잡았다. 한 움큼씩 쥐어본다. 모두 환희에 차 있다. "맛있다." 날 것 그대로 먹어 본 어느 선원을 따라 다른 사람들도 입에 대본다.

어군을 찾는 항진이 계속된다. 저녁놀이 물들려는 오후 11시 반 남북호는 유빙 속을 뚫고 나간다.

유빙을 뚫고

지구 축의 경사 현상으로 남극해는 여름철이 계속되는 12월부터 다음해 2월까지 밤이 거의 없다. 오후 8시만 되면 어둠이 깃드는 우리나라 여름철과는 달리 해가 진 이후에도 동틀 무렵의 새벽녘과 같은 박명(薄明)이 계속된다. 칠흑 같은 어둠은 찾아볼 수 없다. 놀이 막 수평선 너머로 빠지려 할 때 유빙 속을 항해하는 기분은 어디에도 비길 바 없다.

눈송이처럼 곱게 핀(?) 얼음조각들이 선체 양현을 스친다. "꽝!" 어느 틈에 유빙이 좌우현에 부딪힌다. 얼음은 산산조각이 나고 선체 밑바닥에서 검붉은 녹물이 바닷물에 퍼진다.

선수 정면에서는 계속 곰이나 낙타 모양을 한 것들이 매섭게 돌진해 온다. 남북호가 엔더비 어장으로 이동할 때 선수 좌현과 선미 쪽에서도 무리 지은 고래들이 연신 심호흡을 위해 새까만 몸뚱이를 수면 위로 드러내 보인다. 저 멀리 이들 고래를 쫓는 포경선의 마스트가 가물거린다.

"투망개시!" 조금 전부터 탐지기를 작동하던 조타실에선 불쑥 나타난 어군을 보고 또 투망을 지시한다. 부근 빙산에서 떼 지은 갈매기들이 대양을 가로 지른다. 불과 30분 만에 그물을 끄집어 올린다. 19.65t이나 잡혔다. 수온은 영하 0도선. 엄청난 어획이다.

다양한 조업

크릴은 명태나 도미 오징어 등의 저서 어족과는 달리 반드시 탐지기에 의해서만 잡는 것은 아니다. 눈으로 어군을 발견하기도 하지만 고래나 펭귄, 바다표범 중 크릴을 주식으로 하는 제2의 동물을 보고 얼마든지 그물을 던져도 된다. 수직회유를 하는 크릴은 낮에는 수심 200m로 내려갔다가 밤에는 거의 표층까지 올라오는 습성을 이용, 갈매기가 쉬고 있는 빙산을 찾는 것도 좋은 어획 방법의 하나다.

이 같은 방법으로 어장 도착 이후 1979년 2월 13일까지 27일(실조업 일수 17일)동안 102회 투망, 총 510t의 크릴을 잡은 것이다.

수산 대기자 남달성의 회상 ❺
폭풍대 앞에서 왜소해지는 남북호

크릴새우 잡이배, 자연과 싸우다

우리나라로서는 유사이래 처음으로 남극해 항해에 도전한 선령 5년의 남북호. 선체 길이 110m에 5,700마력의 엔진 성능을 지닌 남북호는 안전항해를 위한 각종 계기를 갖춰 어디에 내놓아도 부끄럽지 않은 어선이다. 그러나 대양을 가로지르는 폭풍대와 대륙 연안 측의 빙붕(氷崩), 레이더에도 나타나지 않는 무수한 빙괴(氷塊), 지척을 분간할 수 없는 시계(視界) 등 남극해의 대자연 앞에서는 일엽편주에 지나지 않았다. 선원들은 북양어장을 남극해와 비교해 '문전옥답'(門前沃畓)이라고 비유할 정도.

남북호가 항해 도중 첫 위기를 맞은 것은 폭풍대였다. 1979년 1월 5일 오후 5시 40분경 남위 43도 48분, 동경 108도 44분까지 진입했을 때였다. 조금 전까지 초속 14m이던 바람은 순식간에 18~20m로 강하게 불어댔다. 야간 항해는 고달프다. 배는 전속으로 어장을 향해 치닫는다. 롤링(배가 옆으로 흔들리는 것)이 심해 잠자

빙붕

리가 몹시 불편하다. 다음날 아침 현창을 통해 본 바다는 어제 저녁보다 상당히 거칠어져 있다. 배는 마치 장애물을 뛰어넘는 길 안 든 말처럼 뒤뚱뒤뚱 피칭(배가 앞뒤로 흔들리는 것)도 한다.

외마디 소리치는 60도

앞으로도 어장까지의 거리는 700해리(1해리는 1,852m). 조타실의 명령은 전속임에도 불구, 워낙 악천후여서 시간당 3.6노트를 항해했을 뿐이다. 방금 받아 쥔 팩시밀리 기상도는 기압 경도가 심해 황천항해(荒天航海)는 불을 보듯 빤한 일이었다. 이 같은 날씨가 계속되면 어장 도착까지는 10일 이상이 걸릴 것 같다. 파도는 더욱 뱃전을 두드린다. 지금 항해하는 이 해역은 연중 심한 저기압이 자리하

남북호

는 폭풍대. 남위 30도 부근의 중위도 고기압과 남극대륙에 상존하는 고기압 사이의 40~60도를 훑는 이 저기압은 항해 선박들에게 가장 무서운 존재다.

옛 탐험대들은 이 해역을 '포효하는 40도', '미친 50도', '외마디 소리치는 60도'라고 일컬어 왔다. 무모한 항로 도전을 했던 남북호는 어쩔 수 없이 선수(船首)를 돌려 옛 탐험대들의 전초 기지였던 프랑스령 케르겔른(남위 50도 동경 70도 35분) 동남쪽 500해리까지 서진, 등압선을 가로질러 어장을 향했다. 월크스에서 며칠간 조업을 끝내고 엔더비 연안에서 대어군을 발견, 한참 조업을 할 무렵 또 한 차례 저기압과 싸워야만 했다. 1979년 1월 29일, 남북호는 남위 66도 2분, 동경 58도 32분의 엔더비 연안에 도착, 하루 50~60톤씩 잡아 올리고 있었다.

그러나 30일 오후 8시경 풍속은 초속 18~20m, 5~6m이던 파고는 더욱 높고 거칠어졌다. 구름은 온통 하늘을 뒤덮고 눈보라까지 뿌리고 있었다. 조업은 더 이상 할 수 없었다. 바람이 초속 24m까지 불어댔다. 드디어 피항 길에 올랐다. 선수 쪽엔 대륙 연안에서 길게 뻗은 빙붕이 깔렸고 레이더에도 잡히지 않는 수많은 빙괴가 파도더미에 휩쓸려 눈으로 찾기엔 거의 어려웠다. 배는 바람을 정면으로 맞으며 피항한다. 날이 밝았다. 아침 7시 30분경 바람은 순간 최대 풍속(초당) 43m

를 기록했다. 배는 반쯤 가라앉은 상태에서 전진했다.

너무나 세찬 바람 때문에 배는 키 조작과는 아랑곳하지 않고 선수가 우현(右舷) 35도로 팩 돌아간다. 인위적으로 다시 되돌릴 수가 없다. 시계는 불과 30~50m, 기압은 948밀리바(mb). 지난 1961년 남해안을 강타한 사라 태풍의 중심기압 960밀리바 보다 더 무섭다. 남북호는 하는 수 없이 바람을 등지고 저기압 중심을 향해 달아날 수밖에 없다. 저기압 중심대에는 무서운 삼각파도가 기다리고 있다. 그러나 하늘이 보살폈는지 용케 화를 면했다.

빙산은 눈 또는 레이더로 직접 확인할 수 있지만 빙괴는 그렇지 않다. 수면 위로 나타나는 것은 얼마 안 되지만 수면 아래쪽은 5배 이상이나 크다. 그래서 항해는 더욱 아슬아슬했다. 피항길 20시간이 지난 오후 4시경 기압은 서서히 오르고 저기압 중심은 선수 우현 60해리를 두고 관측됐다. 다음날(2월 1일) 아침이 됐다. '찌르륵 찌르륵' 어군탐지기는 다시 작동한다. "난생 처음 겪는 파도"라고 한 노수부가 말했다. 선내에는 다시 웃음꽃이 핀다. 그러나 한숨 돌릴 겨를도 없이 얼마 안가서 바다는 또 한 번 뒤집히고 말았다.

저기압 하루 400해리 이동

2월 9일. 이날도 여느 때와 같이 작업은 계속됐다. 오전 11시 남아프리카 프레도리아에서 발신하는 기상도를 받았다. 이 기상대는 위성중계로 각 지역의 자료를 받기 때문에 대체로 정확할 것으로 기대하고 있다. 그 기상도에 그려진 저기압 중심기압은 960~965밀리바였다. 그 기압은 동경 27~60도의 광활한 해역에 자리 잡고 있었다. 우리 배는 저기압 중심대로부터 320해리 정도 떨어져 있었으나

선미에서 그물을 끌며 크릴 어로에 여념없는 남북호.
배 뒤로 빙산이 보인다.

이 기압의 이동 속력은 하루 300~400해리로 추정된다. 남극해의 한여름철 저기압 이동속력은 앞서 지적한 바와 같다.

또 늦여름(2월)에는 약 700해리, 한겨울에는 최고 1,000해리까지 이동한다는 얘기다. 갖가지 방법으로 이 저기압을 분석한 결과 전번 것에 비하면 초대형급이었다. 지금 당장 피하지 않으면 하루가 지나기 전에 남북호는 저기압 권내에 들어간다. 낮 12시, 파도는 점점 높아진다. 특히 이번 저기압은 대륙 연안과 폭 10~20해리 간격을 두고 동진하기 때문에 현 위치에서 잘못 피항하다간 연안쪽으로 밀릴 수밖에 없다. 그곳에는 무수한 빙붕이 대륙 연안을 따라 줄을 잇고 있다. 결국 센 바람이 불기 전 동북 방향으로 피하는 게 가장 안전하다는 결론이다.

"그물을 걷어 올려라" 황급한 어로장의 목소리가 선내 스피커를 타고 울려 퍼졌다. 파도는 조금 전보다 더 세게 휘몰아쳤다. 저기압이 점점 남북호를 앞질러 이동하고 있다는 증거다. 다음날 아침 기상도에는 바로 전날 어장이 정확히 저기압 중심대임을 나타냈다. 남북호가 마지막 육지를 본 것은 작년 12월 29일. 인도네시아 코코스지방 동북쪽으로 530해리 떨어진 호주 크리스머스 섬(남위 10도 36분 동경 105도 4분)이었다. 선수 좌현 약 5해리까지 접근된 이 섬은 3시간 항해 후 거의 형체를 알 수 없을 정도로 가물거렸다.

이때 눈앞에 다섯 마리의 알바트로스가 나타났다. 우리나라 연안 갈매기보다 훨씬 커 날개 길이만도 큰 놈은 2.4m나 된다. 부리는 진노랑색, 배 밑부분과 윗 날개에 흰 반점을 띤 이 갈매기는 길손을 환송하듯 긴 날개를 너울거린다. 남극해의 대표적 빙괴는 탁상빙산을 비롯, 빙하빙산 그리고 노빙산들이다. 이들은 수온이 영하 1도 이상(영하 1.9도에서 언다) 높아지는 여름철이 되면 해류를 따라 대륙쪽에서 북으로 이동한다. 얼음으로 뒤덮인 남극대륙 주변에는 해빙역이 있다. 여름철엔 약 500만 제곱킬로미터, 겨울철엔 약 2,000만 제곱킬로미터로 불어난다.

높이도 1년에 1.5m 가량씩 커지고 해류와 바람의 영향으로 이동하는 얼음의 속도는 시속 3~4노트(1노트 1,609m). 이동범위도 넓어 1894년 3월 30일에는 남위 26도 30분, 서경 25도 40분까지 떠내려 간 적이 있고 1927년 1월 7일 영국 포경선 오터1호가 발견한 길이 185km(100해리가 넘는다), 높이 43m의 탁상 빙산이 지구 생성이후 가장 큰 것으로 보고돼 있다. 그러나 이 빙산도 최근 들어 사람을 위한 이용물질로 등장하고 있다. 아랍 공화국 같은 데선 실질적으로 사막의 농업용수로 활용할 연구가 착실히 진행되고 있는 것이다.

남극해 포경어업이 1920년경까지 흰수염고래 등 약 50~60만 마리가 바다생물의 왕초 노릇을 해 왔으나 이들 자원의 급격한 감소로 쇠퇴일로에 놓여있다. "고래 있는 곳에 크릴 있고 크릴 있는 곳에 고래가 있다"는 말을 유추하더라도 이들의 상관관계를 알 수 있을 것 같다. '크릴'이란 이름도 노르웨이인들이 '고래의 먹이'란 뜻으로 명명한 것이다. 남북호가 윌크스 연안에서 엔더비로 이동하면서 본 고래들도 대부분 흰수여고래와 긴수염고래들이었다. 지금도 500~600톤급 소련 포경선들이 남극해를 종횡무진하고 있다.

"고기잡이가 그리 쉽습니까. 육지의 높은 사람들은 배만 띄우면 만선을 당연시 합니다만 고기가 잡히지 않을 땐 선장들은 침실 문을 잠그고 눈물짓는 적이 한두 번이 아닙니다."

선미 쪽에서 엔진소리만 은은히 들릴 뿐 정적이 흐르는 선실에서 이문기 선장은 말한다. "흔히들 어선과 상선을 비교해 상선 우위를 얘기하는데 정말 바다를 모르는 사람들입니다. 물론 그들이 어선 선원들보다 나은 보수를 받고 항구를 두루 다니며 관광을 겸해 즐기는 것은 훨씬 낫지요. 그러나 어선들은 황파와 싸우면서도 무에서 유를 창조해야 존재 의의를 찾을 수 있지요"

남십자성과 북두칠성이 서로 비슷한 고도로 각각 반대편 하늘에서 빛나고 있다. 총총한 은하수가 남십자성에서 오리온좌를 엇비슷이 지나 북으로 길게 흐르는 대양의 달밤. "그래도 고생 끝에 선수가 바닷속으로 푹 박힌 채 만선이 돼 입항하는 날이면 지난 일을 모두 잊고 뿌듯한 기분이 듭니다. 뱃사람 아니면 그 기분은 아무도 모르지요." 사실 그렇다. 1년이래야 고작 한 달 정도를 뭍에서 생활하다 다시 바다로 뛰쳐나와야 하는 뱃사람들의 고충을 누가 속속들이 알겠는가. 때론 남극해에도 고요하고 바람 한 점 없는 무풍지대가 이어진다.

험난한 남극해

사람이 사는 지구 한쪽, 문명세계와 동떨어져 생활하는 선원들의 즐거움은 그런대로 고향에서 보내는 전보와 식사뿐이다. 어선은 보통 하루에 네 끼 식사를 한다. 처음에는 좀 빠른 듯 했지만 며칠 익숙해지다 보니 오히려 건강 유지에도 좋은 것 같기도 하다. "식사시간이 배생활의 한 때입니다. 그래도 속상하지 않고 웃으며 시간 보낼 수 있으니까요." 꼭 5년간 이 배를 탔다는 어느 처리원의 얘기다. 태풍을 맞받은 남북호는 2월 9일 피항 길에 올랐다. 3일간의 피항 끝에 더 이상 어장까지 갈 수

크릴 어획물 양망 모습

없다는 판정을 내리고 아쉽지만 선수를 북으로 돌린 것이다.

조업을 마치고 회항하는 길에 남북호 선내 식당에서는 크릴 요리 시식회가 열렸다. 식탁 위에는 처음 보는 크릴튀김과 장조림 빈대떡 부침 말린 크릴 등이 마련돼 군침이 돌았다. 양파 호박 등 채소와 섞어 만든 빈대떡은 막걸리 안주로 제격이다. 양념 없이 바싹 말린 크릴은 제대로의 새우맛을 내 맥주 안주감으로 좋다. "부산시 남포동 같은 데서 요리한 것과 전혀 차이가 없어요. 맛도 있고 영양가도 높으니까 시판하면 꽤 잘 팔릴 겁니다" 한 손에 집게를 든 채 지글지글 굽히는 빈대떡을 뒤엎던 조리장 김현곤 씨(29)는 요리사다운 품평을 내린다.

이번 남북호의 남극해 진출의 뜻은 깊다. 200해리 경제수역 선포로 위축일로를 걷던 원양어업의 활로를 트고 국민 단백질 공급원을 새로 확보할 수 있었다는 데서 큰 의의를 찾을 수 있다. 남북호의 총어획량은 510톤. 목표 어획량 1,500톤에 크게 미달된 것이 옥의 티라고 말한다. 굳이 설명하자면 실조업 일수가 17일 밖에

안 될뿐더러 폭풍과 저기압에 쫓겨 다니느라 큰 힘을 소진한 것도 원인으로 들 수 있다. 그러나 이보다 더 큰 것을 얻었다는 사실을 알아야 한다. 남북호가 크릴 어획실적을 FAO(세계 식량기구)에 보고함으로써 1980년 11월 그토록 들어가기 힘든 남극 해양생물자원 보존에 관한 협약에 가입한 것이다.

이어 1988년 2월에는 킹 조지아 섬에 세종기를 세웠고, 2014년 2월엔 세계 열강들이 활약하는 남극대륙의 테라노바만에 장보고기지를 설립했다. 이에 앞서 2002년 4월에는 북극에 있는 노르웨이령 스피커 베르겐섬에 다산기지를 세웠다. 이같은 실적이라면 남북호의 성과를 대대적으로 홍보해야 할 필요가 있다.

"우리는 그 험난한 남극해에서 크릴을 잡았고 대과 없이 돌아왔다."

허종수 단장의 힘찬 말이다.

수산 대기자 남달성의 회상 ❻
촌지寸志와 기자

　50년도 더 지난 일이다. 1971년 돼지해를 맞은 1월 어느 날, 햇병아리 기자 시절 몸담고 있던 중앙일간지 S신문 담당데스크로부터 긴급 취재지시가 떨어졌다. 관할 시 군의 살림살이를 취재, 모레까지 송고하라는 것이었다. 그때 기자는 경남 마산에 주재하며, 마산을 비롯한 인근 시와 군을 맡으면서 시시각각으로 터지는 사건과 사고는 물론 주민복지와 관련, 하루도 쉼 없이 취재에 열을 올리고 있었다. 초년병 기자의 출장 취재는 언제나 재미있을 것이란 기분이 들었기 때문에 다음 날 아침 일찍 마산에서 완행버스를 타고 창녕으로 떠났다.

　그러나 당초 예정한 1시간 여 남짓보다 50여 분 늦게 도착했다. 군 공보실에서 이런 저런 자료를 챙긴 후 "때가 됐으니 점심이라도 먹으러 가자"는 공보실장의 제의에 따라 함께 된장국으로 허기를 채웠다. 곧바로 마산으로 되돌아오기 위해 버스터미널에 이르자 공보실 직원이 봉투 하나를 주머니에 찔러 주었다. 그때만 해

특정기사와 관련 없는 연출 이미지임

도 촌지(寸志)는 당연한 것으로 알고 있었고 기자로서 때 묻지 않은 터여서 그런지 벌써 마음은 설레기 시작했다. 이윽고 버스 안내양이 비좁은 차내를 오가면서 차비를 걷고 있었다. 기자는 조금 전의 그 봉투를 끄집어냈다.

그런데 이게 웬 일인가. 봉투 속엔 200원밖에 없었다. 순간 얼굴이 벌겋게 달아올랐다. 차비를 제한 거스름돈은 30원. 물론 지갑 속엔 비상금이 있었지만 기자의 눈가에 이슬이 맺힌 것은 무엇 때문이었을까. 기자의 자긍심과 자존심이 한꺼번에 무너졌기 때문이다. 일반적으로 그때 시장 군수가 베푸는 촌지는 5,000원~1만 원이었다. K 군수한테 촌지 200원에 대한 소회(所懷)를 띄웠더니 "정말 몰랐다. 그리고 죄송하다"는 회신을 받은 기억이 난다. 지금 생각하면 부끄럽기 그지없다. 기자한테 굳이 촌지를 주어야 할 이유가 없지 않은가.

하기야 그때만 해도 기자의 공적(公的) 기능이 크고 일제 강점기에 독립운동가가 기자를 겸하기도 했었기에 어딜 가나 숙식을 제공하고 노자(路資)까지 주던 관행(?)이 있었던 것은 숨김없는 사실이다. 우리의 독립운동가와 기자의 활약상을 살펴보자. 그럼 서재필(徐載弼) 박사의 면모는 어땠는가.

서재필은 1884년 갑신정변의 여파로 일본을 거쳐 미국에서 갖은 고생 끝에 의대를 나와 박사학위를 취득했다. 12년 만에 귀국한 서 박사는 1896년 미국의 민주주의를 몸소 익혀 한글과 영어로 발행되는 독립신문을 발행하기에 이르렀다. 우리나라 최초의 신문이다.

그는 근대 민주주의를 실천하는데 앞장섰고 정부 요인들과 지식인들을 규합, 새로운 정치단체 독립협회를 조직했을 뿐 아니라 모금을 통해 모은 돈 3,825원으로 독립문을 건립했다. 설계는 그때 서울에 살던 러시아인 사바틴의 도움을 받았다. 그의 독립정신과 민주사상 고취를 위한 집회에는 수많은 인파가 몰려 당시로

서재필과 독립신문

선 희귀한 행사이기도 했다. 그러나 고루한 보수파의 책동으로 독립협회는 해산이란 비운을 맞았다. 다만 독립협회서 활약한 새로운 지식인들이 훗날 민족 자강운동의 주류세력으로 등장한다.

장편소설 무정(無情)으로 신문학 초기를 화려하게 장식한 춘원(春園) 이광수(李光洙)는 평북 정주(定州)에서 소작농의 아들로 태어났다. 10살 때 아버지가 장티푸스로 돌아가자 그 충격으로 어머니마저 일주일 후에 숨겼다. 그 후 동학에 들어가 서기가 됐고 관권의 탄압이 심해지자 서울로 상경했다. 이듬해 일진회의 추천으로 도일(渡日), 1907년 메이지대학 중학부에 편입했다. 소설 시문학 수필 희곡 등 장르에 구애받지 않고 문필가로 명성을 떨쳤다. 1923년 동아일보에 입사, 1933년에는 편집국장으로 승진했다. 그 후 조선일보 부사장에 올랐다.

빙허(憑虛) 현진건(玄鎭健)은 비교적 부유한 집안에서 출생했다. 1920년 단편소설 '희생화'를 개벽지에 발표, 문단에 등단했다. 그의 소설은 체험소설, 현실고발소설, 역사소설 3가지로 창작과정을 보여준다. 1921년 발표한 빈처(貧妻)로 문단에서 인정을 받았다. 일제 강점기 조선의 소설가이자 언론인 그리고 독립운동가였다. 소설 '운수 좋은날'은 제목이 완전 반전이다. 내용은 비참하고 처량하다. 일제 강점기에 힘든 하층민의 삶을 노골적, 완전 사실적으로 표현했다. 동아일보 주필 때 손기정 선수의 일장기 말살 사건으로 옥고를 치르기도 했다.

1920년 '낭인의 봄'으로 등단한 김소월(金素月)은 동아일보 정주(定州)지국을 경영했다. 본명은 김정식(金廷湜). 일제강점기의 토속적인 한과 정서를 그대로 담아낸 시를 썼다. 주요작품으로는 '진달래꽃', '엄마야 누나야', '접동새' '산유화' 등. 2살 때 아버지가 정주와 곽산 사이의 철도를 부설하던 일본인 목도꾼들에게 폭행을 당해 정신병자가 되는 불운을 겪었다. 1925년에 발표된 '가는 길'은 이별의 경험을 통해 정처없이 떠도는 시인의 쓸쓸한 마음과 고독한 내면을 형상화한 작품이다. 1981년 금관문화훈장을 탔다.

김영랑은 '모란이 피기까지'를 쓴 시인이다. 그는 잘 다듬어진 언어로 섬세하고 영롱한 서정을 노래하고 정지용의 감각적인 기교, 김기림의 주지주의적 경향과는 달리 순수 서정시의 새로운 경지를 개척했다. 공보처 출판국장을 지냈으며 금관문화훈장을 받았다. 또 독립운동가로 활약한 최은희는 옥고를 치른 후 조선일보 기자로 뛰었다. 그녀는 우리나라 최초의 여기자로 인정받고 있다. 또 영남일보 편집국장을 지낸 장덕조도 여걸 중의 한 사람이다. 이에 앞서 조선 불교 유심론을 감옥에서 쓴 만해 한용운과 '빼앗긴 들에도 봄은 오는가'의 이상화를 뺄 수 없다.

그럼 외국의 경우는 어떨까 한번 살펴봤다. 외국의 경우도 봉투 폐습은 없지만 다른 형태로 보답을 하기도 한다. 미국은 사회 공헌도에 따라 기자를 최고 수준의 사교모임에 초대하기도 하고, 일본은 명절 때 소품이나마 선물을 보내기도 한다. 그러나 우리나라는 광복과 더불어 정부 수립과정의 사회 혼란기를 틈타 서울과 지방 할 것 없이 언론의 횡포 특히 기자사회의 비리가 싹튼 것으로 본다. 바로 이게 오늘날 비뚤어진 촌지관행으로 변질된 것 같다.

기자 역시 공갈 아닌 수법을 불가피하게 쓴 적이 있다. 1980년 11월 언론 통폐합 직전 D일보 기자시절 부도를 낸 2년 후배로부터 채권관계가 있는 업체의 돈을 받아달라는 청탁을 받은 적이 있다. 수산업을 경영하다가 부도가 나자 거래처에서 당시로선 꽤 큰 3,000만 원을 주지 않아 애를 태우고 있다는 것이었다. 그러나 자신은 지명수배 중이어서 직접 나설 수 없다고 입장을 털어놨다. 어쩔 수 없이 상대

특정기사와 관련 없는 연출 이미지임

를 만나 기자의 본분을 벗어나 겁(?)도 주고 온갖 회유를 한 결과 며칠 지나 3,000만 원을 받아냈다. 그러면서 만날 것을 요청해 점심을 함께 먹었다.

대화 막바지에 100만 원이란 거금을 식탁위에 올려놓았다. 역지사지(易地思之)랄까. 외려 기자가 겁이 났다. 사방이 벽으로 둘러싸인 그 일식집은 설령 돈을 받는다고 해도 큰 탈은 안날 것 같았다. 하지만 끝내 그 돈을 거절했다. 일주일 후 다시 찾아온 상대는 200만 원을 가져왔다. 부산시 중구 중앙동 B호텔 커피숍에서 탁자 아래로 돈 봉투가 왔다 갔다한 지 무려 1시간 반. 결국 이 돈 가운데 50만 원을 받았다. 그 후 한 달이 채 안 돼 언론통폐합과 함께 기자 숙청작업이 진행됐다. 어쨌든 소속 신문사 숙청 대상자 58명 가운데 기자의 이름은 빠져있었다.

그때처럼 고민한 적이 없었다. 만약 그때 200만 원을 모두 챙겼더라면 50년이 흐른 지금까지 기자라는 자랑스러운 직업을 계속 누릴 수 있었을까 큰 의문이 남지 않을 수 없다.

어업이민 취재 때

또 기억을 되살려 보면 잊을 수 없는 촌지를 받은 적이 있다. 1986년 2월 한성

기업의 아르헨티나 어업이민을 취재하러 갈 때의 얘기다. 어렵사리 회사에서 2주일 출장허가는 났지만 난생 처음 가는 남미 취재여서 욕심을 부렸다. 말하자면 출장일수를 한 달간 연장을 한 것이다. 그만큼 취재비가 모자랐다. 할 수 없이 당시 한국원양협회장을 만났다.

"남미 취재갑니다. 힘이 돼 주십시오." 간단한 이 한 마디에 회장은 "알았소" 딱 이 한 마디뿐이었다. 약속한 날짜에 원양협회를 찾아갔더니 500만 원을 선뜻 내놓았다. 이렇게 일이 순순히 풀린 것은 회장 밑에 있는 K 전무가 뒷바라지한 것으로 알고 있다. K 전무는 우리나라 초대 여성 대법관이었으며 '김영란법'을 제정 계기가 된 김영란 씨의 친부(親父)이기도 하다. 그러나 남미를 여행해 본 사람들은 알겠지만 항로가 너무 길고 여간 힘든 것이 아니었다. 참고로 기자의 여행길은 서울에서 미국 플로리다주의 마이애미를 거쳐 아르헨티나의 부에노스 아이레스에 도착했다.

비행시간은 무려 24시간으로 기억된다. 지금이야 비행시간이 빨라졌겠지만. 그러나 어업이민을 태운 배는 이곳에서 남쪽으로 1,400km 떨어진 프에르트 마드린 항이었다. 인구 8만 명의 조용한 항구에 한성기업이 사운을 걸고 우리 어업이민 120명을 데리고 간 것이다. 그곳에 이민 간 우리 어업인들이 살 주택과 초등학교 냉동창고 등을 지었으나 4~5년이 지나자 하나 둘 날이 갈수록 큰 도시로 빠져나갔다. 결국 어업이민은 소기의 성과를 이루지 못한 것으로 평가된다. 기자는 개인적으로 가고 싶은 곳이 한 군데 있었다.

바로 마젤란 해협을 끼고도는 우스아이야에 가고 싶었다. 그 섬에 사는 문명근(당시 63)씨를 만나는 게 큰 희망이었다. 그는 황해도 연백농고를 나와 서울에서

기자들. 특정기사와 관련 없음.

교편생활을 하다가 이민길에 오른 것이다. 그가 이곳에 정착하게 된 동기는 채소가 쇠고기보다 5배나 비싸다는 사실을 알고 농사를 짓기 시작한 것이다. 남위 50도 선상의 이곳은 기후가 나빠 부에노스 아이레스 농대학장이 불모의 땅으로 선언한 곳이다. 그러나 그는 길섶에 민들레가 피어있는 것을 보고 배추와 무 상추 등을 거둬 남극 대륙 아르헨티나 해군기지에 납품하고 있었다.

오늘이 마지막인 것처럼

기자가 1986년 3월 그곳을 찾았을 땐 붉은 장미와 노란색 장미를 한껏 꽃 피우고 있었다. 이처럼 역사의 현장을 기록하고 분초를 다투며 항상 특종을 염두에 두고 있는 기자는 영일(寧日: 일 없이 평화스러운 날)이 없다. 간혹 기자실이나 다방에서 휴식을 즐기는 기자들을 보고 혹자는 비꼬기도 하지만 기자라는 직업을 제대로 이해하지 못한 데서 비롯된 것이다.

우리의 현대사를 보라. 1960년 4월 11일 낮 불발 최루탄이 왼쪽 눈에 박힌 채 수면 위에 떠오른 김주열(金朱烈)군의 시체를 특종 보도한 부산일보 마산주재 허종(許鍾) 기자 역시 시내 외교다방에서 들은 정보를 단초로 삼았다.

1950년 6월 25일 아침 잭 제임스 서울 특파원은 무초 주한 미국 대사의 말 한마디에 한국전쟁 발발을 UPI통신에 실어 전 세계에 타전했다. 영국 로이터통신이 첫 보도한 것 보다 불과 20분밖에 빠르지 않았지만 이것은 세계적인 특종이었다. 그만큼 특종 경쟁은 치열하다. 이 때문에 한국전쟁 때 취재 경쟁에 뛰어든 기자 350명 가운데 18명이 목숨을 잃었다. 흔히 인간은 창조를 가장 값진 것으로 여긴다. 지구상에 없던 가장 아름다운 소리와 빛깔을 창조하는 예술가, 또 가장 아름다운 건물과 다리를 만든 건축가들이 존경 받는 이유는 곧 이 때문이다.

기자 또한 특종을 통해 창조한다. "오늘이 내 인생의 마지막이라고 생각하고 살라"고 읊은 로마의 철학자 마르쿠스 아우렐리우스의 말처럼.

수산 대기자 남달성의 회상 ❼
그들은 왜 전문지 기자를
거부했을까?

　일미칠근(一米七斤). 이 말은 쌀 한 톨이 우리 밥상에 오르기까지 농부가 일곱 근의 땀을 흘려야 한다는 뜻이다. 쌀은 하늘에서 저절로 떨어지는 것이 아니다. 그렇다고 땅에서 혼자 솟아나는 것도 아니다. 봄, 여름, 가을, 겨울 계절을 가리지 않고 밭 갈고 씨 뿌린 후 김매고 거름을 준다.

　또 한 여름철 무성히 자라는 잡초를 뽑고 들녘이 황금빛으로 물들면 추수한다. 그 다음 벼 껍질을 벗기기 위해 방아 찧고 가마니에 넣는 게 대체적 쌀 생산 과정이다. 그래서 쌀 한 톨 한 톨마다 농부의 피와 땀이 배어있고 정성이 깃들어 있는 것이다.

　기자가 쓰는 기사도 이와 크게 다를 바 없다. 수습 과정을 마치고 정식 기자가 됐다고 해서 기자의 머릿속에서 기사가 막 쏟아지는 것은 더더욱 아니다. 발로 뛰고 머리를 써야 한 건의 좋은 기사를 작성할 수 있다. 기자가 고뇌하는 것도 바로

취재현장. 사진기자들 사이에 취재기자가 있다. 사진은 특정기사와 관련 없음.

이 때문이다.

더구나 데스크가 경천동지(驚天動地)할 특종기사를 닦달할 때 받는 심리적 압박은 머리가 휙 돌 지경에 이른다. 기사는 명석한 두뇌와 예리한 판단만으로 쓸 수 없다. 취재원과의 원만한 인간관계 속에서 대화를 틀 수 있어야 가능하다. 그래야만 명석한 기자로 평가받는다.

수협과 기자

기자가 해양수산부를 비롯, 수협중앙회 및 지구별 수협과 업종별 수협을 출입한 것은 어언 30년도 넘는다. 이렇듯 바다를 생업의 터전으로 삼는 이들 조직은 협동을 바탕으로 한다. 거칠고 척박한 자연 속에서 살아남기 위해 집단을 이뤄 생활

전문지 기자들

한 이래 협동의 역사는 인간과 함께 해왔다.

러시아의 철학자이자 '만물은 서로 돕는다'의 저자 크로포트킨이 열거한 인간의 다양한 협동의 사례는 인류의 본능적인 협동 지향성을 보여주고 있다. 어업 역시 원시 수렵 활동이 시작된 이래 지금까지 협동의 의의를 보여주는 대표적 산업으로 자리매김해 왔다.

다수의 인력이 생산활동에 참여해야 하는 특징 때문에 어업은 다른 산업보다 높은 협동 지향성이 요구된다. 특히 상부상조의 정신을 이어온 민족적 전통과 결합하면서 우리나라 어업은 반만 년이란 장구한 역사 속에서 자생적인 협동 조직체를 생성, 발전해 왔다. 그 근저(根底)에는 계(契)란 조직이 상고시대부터 태동(胎動)해 고려와 조선시대에 이르러 큰 발전을 한 것으로 알려져 있다. 이 가운데 고려시대 어업은 어량(魚梁, 물길을 한 곳으로 흐르도록 막은 뒤 통발을 놓아 고기를 잡는 장치) 어업이 곳곳마다 생겨나 생활의 근간을 이어왔다.

고려도경, 고려사, 고려사절요 등 고문헌에 의하면 이에 종사하는 어민들이 모여 있는 어량소(魚梁所)를 비롯, 곽소(藿所), 망소(網所)등의 행정단위가 등장하는 것으로 미뤄 이 시대에 생업형태의 어촌이 형성됐음을 미뤄 볼 수 있다.

거제한산가조어기조합과 거제한산모곽전조합

협동노동과 어장자원의 공유가 필요한 어업형태에서 공동체의 총유(總有)에 기초한 공동경영이 보편적 경영형태였음을 유추할 수 있다. 이같은 어촌 자생협동체의 존재는 조선 후기에 들어서 어계(漁契), 어부계(漁夫契), 해업계(海業契) 등을 통해 구체적으로 확인을 하게 된다.

특히 한반도 수산자원의 수탈을 위해 작성한 방대한 조사보고서 '한국수산지'에는 휘리망(揮罹網)과 방진망(防陣網) 어업에 관한 기술에서 전통적 협동어업의 형태를 비교적 상세히 보여준다. 이러한 어업은 개인이 영업하는 것은 극히 드물고 대다수 수십 명으로 구성된 협동조직으로서 조합원은 항시 어업에 종사하는 게 아니라 단지 성어기에 일시적으로 관여하는 것으로 전해진다. 완비된 조직에는 도가(都家)라는 조장을 두고 어업 전반에 걸쳐 처결(處決)하도록 하고 도가 아래에 소임(所任)이란 직책을 둬 항시 조장을 보좌토록 했다.

이같은 과정을 거치면서 한일강제병합 직전이었던 1908년 7월10일 거제한산가조어기조합과 거제한산모곽전(毛藿田) 조합이 설립된다. 사학자들은 이 두 조합을 우리나 최초의 수협으로 본다. 이같은 여건과 어업환경을 고려할 때 지금의 거제도와 한산도 가조도 등 인접 지역에 산재한 부락 단위 소규모 협동조직체들이 상호 부조와 협력을 위해 결성됐다는 것을 짐작할 수 있다.

수협효시공원. 거제한산가조어기조합과 거제한산모곽전(毛藿田) 조합이 수산업협동조합의 효시가 됐다.

당시 거제도와 한산도 일대는 대구와 청어 등을 대상으로 하는 재래식 대형정치망의 일종인 어장(漁帳)과 죽방렴(竹防簾)의 전신이었던 방렴(方簾)이 지방 곳곳에 설치돼 있었다.

또한 모곽(毛藿), 즉 우뭇가사리를 비롯, 미역 가사리 등이 대량으로 서식해 해조류 채취업이 성행하기도 했다. 이들 두 조합은 구한말 우리 정부가 인가해 설립됐다는 점에서 역사적 의의를 찾을 수 있다는 것이다. 드디어 1910년 이들 조합은 통합돼 거제한산가조어기모곽전조합으로 개칭됐다. 그 후 1912년에는 다시 거제어업조합으로 이름을 바꾸었다. 이처럼 상부상조의 틀 속에서 우리 고유의 협동조직은 일제 침탈로 자생적 성장의 기반을 상실하고 식민지정책에 의해 왜곡되는 안타까운 현실로 접어들었다.

기자를 거부한 곳

어업분야에선 일제의 수탈은 한일병합 이전이었던 1883년 한일 간 체결한 통상장정으로 일본은 한반도 연안에서 공식적으로 어업권을 획득했다. 이들은 어업행위에 대한 세금조차 면제받은 채 한반도 전 연안에서 약탈적 어업에 돌입한 것이다. 이 뿐이랴! 일본 자국내 어민들의 이주어업을 적극 장려함으로써 전국 연안을 샅샅이 뒤졌다. 마침내 1897년 2월 일제는 침략정책을 노골적으로 드러내면서 조선어업협회를 설립하기에 이른다. 이는 부산에 거주하는 일본 어민들을 감독하고 보호하기 위해 세워졌다.

1900년 5월에는 조선어업협회의 후신으로 조선해통어조합연합회(朝鮮海通漁組合聯合會)가 일본 후쿠오카에 본부를 두고 설립된다. 이에 따라 부산에는 출장

소를 뒀다. 그 다음해인 1901년 8월 본부를 부산으로 옮기고 얼마 후 인천과 군산에 지부를 설치해 업무 범위를 넓혀나갔다.

마침내 1910년 한일 병합과 함께 조선총독부를 설치한 일제는 식민지 수탈정책을 가속화 한다. 전 방위에 걸친 일제의 약탈에 어업분야만 예외일 수 없었다. 그 이듬해엔 근대적 수산업 발전을 꾀한다는 명목하에 어업령(漁業令)을 공포했다.

이같은 굴곡의 역사를 지닌 협동조합은 상당히 폐쇄적이다. 예컨대 "기자를 어떻게 생각하느냐" 는 물음에 "어쩔 수 없이 만나는 부류, 돌아서면 잊어버리고 싶은 사람들" 이라고 말한 것을 미뤄 봐도 쉽게 짐작할 수 있으리라 본다. 특히 일선 회원조합 임직원들이 전문지 기자를 보는 시각은 이보다 훨씬 냉담한 편이었다.

1997년 5월 기자는 남쪽에 자리잡은 G수협을 첫 방문, 조합장 면담을 신청했으나 이 핑계 저 핑계로 무려 여섯 번을 거절당했다. 서울에서 그 곳까지 버스를 이용할 경우 6시간 반이 걸린다.

비행기를 타고 일을 보고 귀경하려 해도 하루해가 간다. 설령 조합장이 사무실을 비웠다 해도 대개의 경우 행선지를 통보해 놓기 때문에 직원들의 노력 여하에 따라 조합장과의 면담은 얼마든지 가능하리라 본다. 하지만 이 같은 시도는 끝내 실패했다. 겨우 일곱 번째에 첫 대면한 조합장은 인격적으로 상당히 갖추고 있었다. 또 다른 조합장도 여섯 번이나 허탕치고 일곱 번째 만날 수 있었다. 여섯 번째 면담을 못하고 돌아오는 길에 기자는 조합장한테 보내는 장문(長文)의 메모를 직원에게 건네주고 일곱 번째 가서 겨우 대면할 수 있었다.

죽음을 무릅쓰고 취재하던 기억

그날도 기자는 회사 일을 보기 위해 섬 조합으로 출장 중이었다. 마침 조합장은 출타 중이었다. 조합장 부인이 서울에서 왔다는 기자의 말에 안쓰럽게 느꼈던지 J 전무를 만나보라며 전화를 연결해 주었다. "만나 뵙고 차(茶)라도 대접하겠다"는 제의를 깔아뭉개고 "만나지 않겠다"고 말을 싹둑 잘랐다. 귀를 의심하면서 한 번 더 반복했다. 역시 첫 대답과 다를 바 없었다. 서울에서 8시간 걸리는 그 먼 곳까지 가서 인간적 모멸을 당한 기자는 돌아오는 여객선 갑판위에서 하염없이 흘러내리는 눈물을 훔쳐야 했다.

초년병 기자시절 점심을 굶던 생각이 주마등처럼 지나간다. 그 때 월급은 정확히 9,600원이었다. 하숙비 8,000원을 주고 나면 1,600원이 겨우 남는다. 이걸 갖고 아침마다 만나는 기자들과 한 잔에 50원 하던 커피를 마시고 나면 빈손이 된다. 그렇다고 돈을 아끼기 위해 커피를 마시지 않으면 기자들과 정보교환을 할 수 없지 않은가. 그뿐인가. 1979년 1월 30일 남위 68도 30분 선상에서 파고 17m를 맞으면서 죽음을 무릅쓰고 취재하던 아름다운 추억들이 단숨에 물거품으로 변질될까 가슴 태우던 일이 불현듯 뇌리를 스친다.

전문지 기자는 위험한 현장을 취재해야 하는 경우도 허다하다.

수산계가 더 발전하려면

기자라는 직업은 다른 어느 직종보다 사명감에 투철해야 한다. 그래야만 좋은 기사를 쓸 수 있고 우리 사회에 밝은 빛을 던져줄 수 있지 않을까 싶다. 철인(哲人)들은 인간의 자각(自覺)가운데 가장 위대한 것은 자신의 사명이라고 설파했다.

사명을 다하기 위해선 자기와의 싸움에서 이겨야 한다. 인간은 주어진 삶을 자각할 때 빛이 나고 힘이 생긴다. 사명은 인간을 정화하고 승화시키기도 한다. 그래서 생명과 사명의 조우(遭遇)처럼 위대한 만남이 없다고 말한다. 특히 신문은 신뢰의 상품이어야 한다. 또 지적 에너지를 창출하는 생명이 돼야 한다.

욕망을 부채질하고 신기루를 쫓는 원초적 바람을 불어 넣어서는 안 된다. 왜냐하면 비록 특수계층을 독자로 하는 전문지일지라도 독자들이 이를 통해 사회를 볼 수 있기 때문이다. 2000년 7월 남쪽에 있는 Y조합의 J상무가 전무로 승진, 발령이 났다. 마감시간에 임박해 사진 한 장을 부탁했다. 결과는 의외였다. 보낼 수 없다는 것이었다. "신문 내놓고 돈봉투 달라고 할 것 아니냐"는 반문이었다. 기가 막혔다. 전화로 30여 분간 사정해 겨우 사진을 얻어 인쇄했다. 이런 일들은 비일비재하다. 한 달에 한두 건은 있게 마련이다.

물론 세계적 여론을 주도하는 미국 워싱턴포스트지의 우드워드와 번스타인 기자가 26개월간 닉슨재선위원회 여사무원 집을 일일이 방문, 탐방조사를 벌였다. 그때 받은 문전박대는 유명한 일화 중의 대표적 사례이기도 하다. 기자는 진실과 선을 추구하는 모든 형태의 도덕적 용기를 갖추는 게 필수적이다. 우리 수산계가 보다 더 발전하고 성숙하려면 전문지 기자에 대한 이해의 폭을 넓혀야 한다. 이의 대전제는 전문지 기자들 자신에게도 변화의 바람이 일어야 함은 두 말할 나위가 없다.

수산 대기자 남달성의 회상 ❽
백발白髮 대기자를 보고 싶다

한국전쟁이 치열하던 1950년대 초반 미8군 사령관 겸 UN 합참의장이었던 제임스 밴플리트 장군 재임 시절 국방성 출입 기자 20여 명이 방한했다. 한국의 경우 부처 출입 기자들이 30대 초반 또는 중반이었지만 그곳 국방성 출입 기자들은 60~70대 중반의 문자 그대로 대기자들이었다. 기자들의 평균 출입 연한은 30~40년. 때문에 나이만 들었다고 해서 그렇게 부르는 것이 아니라 실제로 그들이 쓰는 기사 한 줄은 미국 국방정책에 심대한 영향력을 끼칠 뿐더러 모든 역량과 파워가 막강한 게 현실이다.

백발이 성성한 노인과 지팡이를 짚은 할머니 기자들이 김포공항 트랩을 내릴 때 미군 군악대가 애국가를 연주한데 이어 밴플리트 4성 장군은 경례와 함께 이들을 정중히 맞이했다. 저마다 악수와 포옹을 하는 가운데 어느 기자가 "Hi Tom(밴플리트 장군의 애칭), 참 오랜만이군. 내가 처음 펜타곤에 출입했을 때 당신은 중

기자들. 특정기사와 관련 없음

령이었지. 그때 애송이가 벌써 대장이 됐구먼. 참 세월도 빠르군" 언론의 자유와 인권이 보장된 미국, 그 속의 미국인들이 직종과 직위를 가리지 않고 나눈 대화는 우리들에게 시사하는 바가 크다.

암울했던 언론통제시대

권위주의가 판치는 우리의 군사문화를 미뤄 볼 때 이런 말이 통용될까. 그럼 우리의 지난날은 어땠는가. 1945년 8월 광복을 맞이하고 3년 후 정부 수립 이후 지금까지 75년의 세월이 흘렀다. 이 가운데 박정희 대통령이 18년, 전두환 대통령이 7년, 그리고 노태우 대통령의 5년을 합치면 꼭 30년을 군사정권 치하에서 할 말 제대로 못하고 숨죽이며 끙끙댔다. 국민들이 받은 핍박은 말로써 형언할 수 없다. 그러나 박 대통령은 선대로부터 물려받은 빈곤과 굶주림을 타파하기 위해 중화학

공업 육성과 새마을 운동으로 경제재건과 함께 전 국민을 일깨웠다.

이 같은 공로에도 불구, 1961년 5.16 군사 정변을 일으켜 출범 9개월 되는 장면 내각을 무너뜨리고 사회 혼란을 자초했다. 그 뿐이랴. 1972년 10월 유신체제를 발표, 긴급조치와 함께 국민들의 삶에 심대한 악영향을 끼쳤고, 3선 개헌으로 탄탄한 권좌를 유지하는데 성공했다.

하나 그의 종말은 비참했다. 1979년 10월 26일 저녁 7시 40분경 서울시 종로구 궁정동 중앙정보부 안가에서 박 대통령의 신임을 받던 김재규 중앙정보부장이 쏜 총탄에 쓰러졌다. 이 사건으로 박 전 대통령과 차지철 경호실장 등 6명이 사망하는 등 비운의 지도자로 오점을 남겼다.

이어 전두환 소장이 군사반란을 일으켜 권좌에 올랐으나 그의 행로는 험난했다. 1980년 과외수업을 전면금지한데 이어 여행 자유화를 내걸어 다소 국민들의 숨통을 트이게 하는 듯했으나 5.18 민주화 운동 때 계엄군의 강경 진압에 많은 사상자를 냈다. 이 같은 계엄군의 만행에 분노한 시민들이 남녀노소 구분 없이 거리로 뛰쳐나오기도 했다.

가장 인파가 많았던 날엔 20만 명에 달한 것으로 기록됐고, 사상자만도 5,000명을 넘었다. 그러나 그는 90세를 일기로 2021년 11월 그의 생애를 마감했다. 피해를 본 광주시민들에게 죗값도 치르지 않은 채.

또 1987년 6월 박종철 서울대 학생이 경찰의 심한 조사를 받다가 고문으로 숨졌고 이한열 서울대생 역시 경찰이 쏜 최루탄에 맞아 사망했다. 연일 터진 이 같은 사고로 정국은 한치 앞을 내다볼 수 없는 상황이었다. 이때 노태우 전 민정당 대표가 6.29 담화문을 통해 대통령 직선제를 실시하겠다고 발표했다. 직선제 부활 이후 첫 대선에서 노태우 대표가 당선됐다.

비록 정치군인 출신이지만 민주적 선거를 통해 당선됐기 때문에 정통성이 있다고 볼 수 있다. 하지만 국민들의 가슴마다엔 12.12사태와 5.18의 원죄를 잊지 않고 있다. 그도 이미 숨졌다.

밴플리트 장군과 밴플리트 주니어

다시 밴플리트 장군과 그의 아들 밴플리트 주니어 얘기로 돌아가자. 뭐니 뭐니 해도 밴 장군은 참 군인이었다. 2013년 7월 12일 미국 워싱턴에 소재한 한국전쟁 참전용사 기념비가 있는 워싱턴 소재 알링턴 국립묘지를 찾은 최승우 육군 소장 겸 17사단장의 기록을 인용한다. "그곳에 묻혀있는 제임스 밴플리트 장군과 밴플리트 주니어 묘소에 헌화하고 감사와 명복을 빌었다. 밴 장군은 전쟁이 한창이던 1951년 4월~1953년 3월까지 한국전에 참전하면서 우리나라 국방의 틀을 다졌고 나아가 자신의 모교인 육군사관학교 설립의 초석을 마련했다"는 것이다.

지금도 육사 교정에는 그의 동상이 세워져 있어 생도 시절 그는 그 앞에서 기념사진을 찍은 추억을 간직하고 있다고 썼다. 밴 장군의 아들 밴플리트 주니어는 한국전쟁 당시 해외 근무를 끝낸 직후여서 다시 해외 근무를 할 의무가 없음에도 굳이 전쟁 중인 한국전선을 택해 지원했다. 그러나 그가 몰고 간 B-26 폭격기는 1952년 4월 북한의 순천지역에서 야간폭격 임무를 수행하던 중 북한의 반격으로 격추당한 것으로 알려졌다. 그는 포로가 돼 북한과 중국, 구 소련으로 끌려 다니면서 모진 학대와 갖은 고생 끝에 끝내 귀환하지 못했다.

밴플리트 주니어 대위는 2년이 지난 후 전사자로 공식 판정받았다. 알링턴 국립묘지 한국전 참전 기념비 동판에는 다음과 같은 비문이 새겨져 있다.

"한국전 당시 미국 젊은이 5만 4,246명이 전사했다. 그들은 잘 알지도 못하는 나라, 전혀 만나 본 적도 없는 국민들을 위해 고귀한 생명을 바쳐 싸웠다. 그들 중엔 미군 장성 아들 142명이 있었다. 그 가운데 35명이 전사했다" 밴 대위 역시 고국에 아내를 둔 참전용사와 그렇지 않은 젊은 부하 군인들에게 각별한 정성을 쏟고 편지를 보내기도 했다.

월터 리프먼과 제임스 레스턴

앞서 지적한대로 대기자라고 하면 월터 리프먼과 제임스 레스턴을 꼽지 않을 수 없다. 워싱턴 주재 외교관들은 백악관이 사적 신임장을 제정한다는 말이 나올 정도로 그의 명문은 국제 외교 무대에서 주목을 받아 왔었다. 또 루즈벨트와 윌슨, 케네디와 존슨 대통령의 정책 수행에 언론 스스로가 변하지 않으면 안 되는 일차적

(왼쪽) 월터 리프먼 (오른쪽) 제임스 레스턴 회고록

책무가 주어져 있다. 자문역을 맡기도 했다.

1962년 10월 쿠바 위기를 둘러싸고 미·소간 정면 충돌의 가능성이 고조될 무렵 리프먼이 쿠바에 있는 구 소련 미사일기지와 투르퀴에 있는 서방측 기지를 맞바꾸는 것이 어떻겠느냐는 칼럼을 쓰자 그 이튿날 오비이락(烏飛梨落) 격으로 흐루시초프가 이를 서방 측에 제안, 해결한 것은 유명한 일화 중의 하나이기도 하다.

그의 뒤를 이은 레스턴 역시 확고한 시대적 사명감과 자존심을 내세워 언론의 지위를 구축하는데 공헌한 대기자로 지목되고 있다. 그럼 과연 지식정보화 시대라 일컫는 21세기를 맞아 언론은 어떻게 대처해야 하는가. 민주사회로 치닫기 위해선 이탈된 언론 스스로가 변해야 하는 1차적 책무가 주어져 있다. 말하자면 신문의 자유가 없는 곳엔 민주사회란 존립할 수 없다는 말이다.

모든 자유의 바탕이 되는 언론의 자유가 얼마나 중요한 것인가를 인식하고 이를 지켜 나가는 것은 민주사회 유지를 위한 그들의 사회적 임무임을 명심할 필요가 있다.

하지만 언론의 자유라고 해도 책임의 굴레를 외면해선 안 된다. 그렇다고 책임만을 묻고 자유를 경시하는 버릇이 흔한 것은 한심스럽지만 책임을 덮어버리고 소리높이 자유를 외쳐도 사회는 갈채를 보내지 않는다.

어떤 조직이든 세대 간에 가치관의 차이, 소통방식의 차이는 존재하게 마련이다. 문제는 차이 자체에 있지 않다. 서로의 차이를 인정하는 기반 위에서 자유로운 소통과 치열한 논쟁이 가능 한지 여부에 있다. 우려스러운 것은 침묵과 냉소다. 조직문화가 변하려면 선배와 후배 모두 가로놓여 있는 갈등을 외면하지 말고 맞부딪혀야 한다.

미디어는 사회와 동떨어져 존재할 수 없다. 세상의 변화에 눈 감고 자신만의 성채에 갇힌 미디어는 참 언론의 도구라 볼 수 없다. 획일화된 뉴스룸에 다양한 색채를 입히고 가라앉은 뉴스룸에 소통의 에너지를 불어넣어야 한다. 그럴 때만 신뢰의 위기에 빠진 한국 저널리즘에 새로운 활로가 열릴 것이다.

그렇다면 우리의 현실은 어떤가. 1987년 민주화 이후 국내 언론시장은 급성장은 해 왔다고 볼 수 있다. 언론을 강력하게 통제하던 권위주의가 붕괴한 이후 언론시장의 폭발은 예견된 일이기도 하다.

1980년 언론 통폐합으로 형성된 과점체제가 무너지고 민주화 이후 새로운 신문이 속속 등장했다. 아울러 1991년에는 민영 방송사도 허가됐다. 인터넷이 보급된 2000년대 들어서는 인터넷 공급이 기하급수적으로 늘어났다. 언론에 대한 수요뿐만이 아니라 공급도 폭발적으로 늘어난 것이다. 한국 언론진흥재단에 의하면 재정적 기반이 취약한 언론사 일수록 기자들의 경우 엑스도스를 모색하는 경우가 허다하다. '기레기'와 '브렉시트'를 조합한 '기렉시트'와 자조적 표현은 현재 언론인의 실존적 고민을 압축적으로 보여준다.

불가근(不可近), 불가원(不可遠)

언론재단의 2019년 언론인 조사결과도 그 원인과 결과가 직접적으로 드러났다. 직업 만족도는 지속적으로 낮아지고 있고 방송사 기자보다 신문사 기자의 만족도가 더 떨어졌다. 만족도와 사기가 하락하는 가장 큰 이유는 언론인으로서 비전이 안 보인다는 응답이 63.2%로 가장 많았고, 임금과 복지수준이 낮아서라는 응답이 56.4%로 그 다음을 차지했다. 또 기자의 평균 연령은 40세를 넘어선 반면 중간 허리에 해당하는 10년 이상, 20년 미만의 경력기자 비율은 2005년 41.2%에서 꾸준히 감소해 2019년에는 32.7%까지 줄어들었다.

중간이 가늘어지는 모래시계형 인력구조는 기자들의 퇴사가 누적 반영된 것이다. 최근 한 경제전문지 노조가 조합원을 상대로 한 설문조사 결과도 이와 유사하다. 조사대상자의 82.6%가 이직을, 62.9%는 다른 업종으로의 이직을 생각하고 있는 것으로 밝혀졌다. 특히 임금에 대한 불만족이 48.6%였으나 절대다수가 임금 대비, 업무량이 과중하다는 응답이 87.2%를 차지, 가장 높았다. 이 같은 현상은 속보경쟁도 원인이 있지만 정보공개의 절차나 범위, 속도에 제약이 있기 때문이다. 이런 구조가 혁파될 때 비로소 '불가근(不可近), 불가원(不可遠)'을 따질 수 있다.

언론의 신뢰

최근래 우리사회의 화제는 대장동사건의 비리문제였다. 이게 전국적으로 화제가 된 것은 배후인물 가운데 김만배라는 중심인물이 현직기자라는 점이다. 그는 사회적 직분을 외면한 채 로비에만 열중한 듯하다. 그는 2019년 7월 16일부터 2020년 8월 21일까지 '평범한 삶이 가장 위대한 삶이다'라는 칼럼을 쓴 게 유일하다. 그래서 언론과 취재원과의 관계를 불가근불가원이라고 말한다. 여기에는 기자가 취재원을 너무 가까이 하면 문제가 생길 수 있다는 경고의 의미가 담겨있다. 취재원을 멀리하려는 기자는 세상에 없다.

기자가 취재원과 적절한 관계를 유지하는 게 말처럼 쉬운 것은 아니다. 그렇다고 기자가 취재원과 '깐부'가 돼 그의 잘못에 눈감아주고 그에게 불리한 내용을 취재, 보도하지 않는다면 권언유착 등의 비판을 면하기 어렵다. 이는 독자와 시민들에 대한 중대한 배신행위이기도 하다. 저널리즘의 최우선 임무는 독자, 나아가서 전 국민들이기 때문이다. 기자와 취재원간에 적절한 거리 유지와 관련해 딱히 정해진 기준은 없다. 다만 우리는 취재 과정에서 기자의 신분을 이용해 부당이득을 취하지 않아야 한다.

'취재원이 제공하는 사적 특혜나 편의를 거절한다'는 기자협회 윤리강령이 있다. 기자 각자가 나름의 기준을 세워 이를 지키려고 노력해야 한다. 끝으로 언론은 항시 권력에 대한 감시와 진실 추구가 가장 중요한 역할이란 점에서 충실히 사실 보도하는 것이 매우 중요하다. 그것만이 추락한 언론의 신뢰를 복원할 수 있으리라 본다.

수산 대기자 남달성의 회상 ❾
숨죽이며 조업하는 뱃사나이들

"탕 탕 탕" "따르르…"

잔잔한 대서양에 때 아닌 총성이 울렸다.

"나타났다. 전 선박 대피 준비"

제53동방호(299t) 배호식 2등 항해사(27)의 다급한 목소리가 무전을 타고 각 조업선에 전달된다. 1979년 7월10일 밤 10시 40분 경 북위 26도 15분 서경 14도 50분 구 스페인령 모로코 연안 7해리 해상. 우리 어선 20여 척을 비롯, 스페인 모로코 등 각국 어선 50여 척은 바닷속 그물을 그대로 끊어 버리고 멀리 영해 바깥쪽으로 전속 도주한다.

그러나 제53동방호는 미처 달아나지 못했다. 총격은 빗발치듯 조타실과 기관실을 향해 집중된다. 선원들은 선실 바닥에 엎드려 숨을 죽이고 있었다. 20여 분이 지났을까. 조타기와 항해 계기가 총탄에 맞아 고장이 났다. 선체에는 불까지 났

다. 불은 선체 중앙 기름탱크와 냉동실 암모니아 탱크 쪽으로 번져갔다. 안전지대를 찾던 선원들은 기어서 선미 쪽으로 몰렸다. L 선장(31)은 선원 26명에게 급히 퇴선 명령을 내린다. 이때가 밤 11시 반. 충격 시작 50분 후였다. 저마다 구명대를 끼고 그믐달이 엷게 비치는 바다로 뛰어내리고 일부는 선상에서 최후의 일각까지 버티었다.

물에 뛰어든 갑판원

선체 주위를 맴돌며 난사를 거듭하던 괴선박은 어디론지 사라져 버렸다. 물에 뛰어든 갑판원 L씨(28)는 끝내 찾을 길 없었다. 선체 길이 2m 안팎, 0.5t도 안 되는 검은 고무보트. 이것이 요즘 서북 아프리카 연안에 신출귀몰, 조업 어선들을 닥

치는 대로 쏘아 괴롭히는 문제의 괴선박이다. 이 배는 구 스페인 사하라의 독립을 추구하는 폴리살리오(스페인 사하라 인민해방전선) 집단에 의해 움직이는 것으로 알려졌다. 말하자면 자기네들 영해에 들어왔다고 공격하는 것이다.

우리와 코마코프 수산회사를 합작 설립한 모리타니 조업선들에도 총구를 겨눈다. 지난 3월 28일 남양사 소속 리라호(600t, 선장, H씨 36)가 이 나라 연안 15해리 해상에서 조업 중 갑자기 접근한 경비정으로부터 검열을 받았다. 그 결과 내망 망목이 규정 60mm보다 작은 40mm를 썼다는 이유로 누아디브 항으로 끌려갈 참이었다. H 선장은 이미 인질로 경비정에 태워져 있었다. 경비정이 3해리 이상 떨어져 있을 때 리라호는 도망치기 위해 선수를 돌리려 했다.

시속 40노트로 재빨리 다가온 경비정은 무조건 총을 난사, 1등 항해사 K씨(27)가 발등에 파편을 맞아 부상했고 로란 등 항해계기가 박살났다. 이 해역에서 조업 중 총격을 받은 어선은 부지기수. 우리나라와 모로코 합작선 아인디아브호(349t)는 지난 4월 28일 불법조업을 했다는 이유로 선장 L씨(32)가 선원들 앞에서 뺨을 맞는 모욕을 당했고 마라케시호(258t) C선장(30)은 5월 25일 총탄 세례로 오른쪽 눈자위에 파편을 맞아 피를 흘리면서 도망쳐 나오기도 했다. 벌금도 늘어나 종전 망목 위반의 경우 8만~10만 달러 안팎이던 것이 작년부터는 15만~20만 달러로 올랐다. 모리타니 경비정은 모두 9척. 이 중 500t급은 '호랑이' 80t급은 '작은 고양이'라 부른다.

작은 고양이는 시속 40노트 짜리의 쾌속정. '떴다' 하면 반드시 1, 2척은 나포하곤 했다. 이 해역은 어자원이 풍부, 구 소련 배까지 합쳐 12개국 500여 척이 계절에 관계없이 톤당 4,000~6,000달러까지 호가하는 문어, 살오징어, 갑오징어 등을 척당 하루 3~5t씩 잡는다.

무스타파 전 모리타니 대통령은 "다른 아랍민족에겐 한정된 석유를 주어 오늘의 영광을 누리지만 우리는 무한한 수산자원을 알라신으로부터 받았다"며 "미구에 이 나라는 부강할 것"이라고 말했다.

두 패로 갈린 제53동방호 선원

모리타니는 이미 1976년 영해 70해리, 경제수역 200해리를 선포했다. 우리 트롤 어선이 모리타니 연안에 정식 입어한 것은 1977년 10월. 당시 이 해역에 출어하고 있던 28개 회사가 모여 만든 대서양 어업개발과 모리타니 국영 수산회사 세심이 코마코프라는 합작회사를 설립하고서였다. 지분율은 우리가 49, 모리타니가 51을 갖는 조건이었다. 이에 앞서 동원수산은 1975년 4월 제517 동원호(617t)을 투입, 우리나라 어선으로는 처음으로 입어했다. 양국 간에 체결된 합작회사 입어 조건은 날이 갈수록 까다로워지고 있다. 당초 250만 달러이던 설립자본금이 1978년에는 500만 달러로 올랐다.

이런 상황에서 얼마 전 모리타니 연안에서 조업 도중 독자 독립을 주장하는 폴리살리오 집단으로부터 총격을 받은 제53동방호 선원 26명이 두 패로 갈라져 서로 치고 받고 찌르고 찔리는 사건이 벌어졌다. 1979년 8월 10일 밤 10시경 라스팔마스 중심가에 자리 잡은 우리 원양어선 선원회관 주위에는 현지 경찰관 20여 명과 차량 10대가 출동, 호각을 불며 난투극을 진압하고 있었다. 당시 이 선박은 기관실이 불타고 선체는 반 침수상태에서 스페인 경비정의 도움을 받아 모항 라스팔마스로 돌아오던 중 계속 물이 스며들어 완전 침수되고 말았다. 이 충격으로 선원

1명이 숨지기도 했지만 선주 입장에서는 시가 1억 원이 넘는 선령 12년짜리 어선 한 척을 잃어버린 것이다. 머슴 잘못 둔 탓에 한 해 농사가 망쳐진 셈.

선원들의 분노

그러나 목숨을 간신히 건진 이들 선원은 당장 갈아입어야 할 옷과 신발조차 없어 맨발로 걸어 다녀야만 했다. 그것도 12개국 선원들과 북구(北歐)에서 온 관광객들이 오가는 대도시 라스팔마스항에서. 선원들은 참다못해 기지장 Y모 씨(31)에게 옷 한 벌과 신발 살 돈을 간청했다. Y기지장은 선장 L씨의 사고경위서를 받은 다음 돈을 주겠다며 차일피일했다. 선원들의 편싸움이 있기 이틀 전 선장은 사고경위서를 제출했다. 그러나 선주 측은 이 경위서가 못마땅하다며 선원 한 사람당 150달러씩 지불했던 상륙 및 귀국비를 기지장으로 하여금 되돌려 받으려 했다.

선원들은 더욱 분노를 느꼈다. 심리적으론 몹시 다급해졌다. 일부 선원들은 옷가지와 신발을 살 양으로 사정사정해 사무실에서 돈을 되찾아 오자 회사의 처사에 불만을 품은 나머지 선원들은 250달러씩을 요구하는 한편 먼저 돈을 받은 선원들과 의견이 맞지 않는 등 이래저래 속이 상한 끝에 패싸움을 벌인 것이다. 결국 시비를 건 주모선원 3명을 본국으로 송환하기 위해 경찰에 사법처리하도록 했다.

벌금은 선원이 부담?

어업은 선주 측이 선체와 어구 어장을 제공하고 선원들은 노동력을 공급함으로써 성립된다. 그러나 라스팔마스를 기지로 모리타니와 모로코 등 서북 아프리카

모리타니협상

연안에서 조업하는 선원들은 "영해침범이나 불법 조업에 따르는 벌금이 발생했을 때 선원 측이 문다"라고 특별조항을 신설한 것이다. 이같은 선주 측의 일방적 계약은 날이 갈수록 선원들에게 불리하다. 만약 이변이 생기면 으레 앞서 지적한 성문(成文) 계약을 제시, 선원들의 입을 막아 버린다. 이것은 근로기준법이나 취업규칙에도 없지만 절대적이다.

"어느 선장인들 영해 침범이나 조업규정 위반을 일부러 좋아하겠습니까. 계약서를 체결할 때 선주 측은 흔히 '선원들에게 경각심을 불어넣기 위해' 벌금을 선원 책임으로 돌린다고 말하지요. 그러나 최종 정산 때는 벌금문제 때문에 노사가 팽팽히 맞서는 게 통례입니다" 이같은 불평등한 계약서에 따라 벌금을 문 선장들의 한결같은 대답이다.

전국 해원노조 원양어선지부가 1977년 1월부터 1979년 6월 말까지 접수 처리한 선원 진정사항은 모두 506건. 금액으로는 3억 4,000여만 원을 선원들 몫으로 되찾아 주었다. 보합제를 원칙으로 하는 선원들의 월 가족생계비는 8만원. 이것도 작년 10월 전국 해원노조 원양어선지부와 한국 원양산업협회가 단체협약을 체결, 올린 금액이다. 이 돈은 24개월간 바다생활을 계속하고 하루 잠자는 4~5시간을 제외한 고기만 잡는 선원들의 전체 노임은 아니다.

유엔해양법협약 발효 후 갈 곳 잃은 원양산업

선령과 선원 개개인의 직위와 실적 등에 따라 보합의 차이는 엄청나다. 보통선원의 경우 북양과 라스팔마스 기지 트롤 선원들은 가족 생계비를 포함, 월 18만~22만 원, 참치독항선은 15만~18만 원으로 다소 높은 편. 반면 사모아 참치기지선과 파라마리보 새우트롤 선원들은 월 10만 원 안팎이 고작이다. 우리 선원들과는 달리 모리타니 선원들은 작업 중에도 하루 다섯 번 알라신에게 기도를 드린다.

항구에 들어가더라도 우리 선원들은 변함없이 침식을 배에서 하지만 그들은 호텔에서 잠잔다. 또 잡은 고기를 달라고 트집을 부리기도 한다. 그들은 계약에서 400t 이하 어선은 3~6해리 연안에서, 400t 이상 800t 미만 어선은 6~12해리, 800t 이상은 12~30해리에서 조업토록 규정하고 있다. 어구는 60mm 이하 망목과 문어를 잡기 위한 쇠줄(Chain)은 쓰지 못하게 돼 있다. 그러나 이를 모두 지키면 도저히 수지를 맞출 수 없다는 게 업주들의 주장이다.

우리 어선들은 종전 1항차당(75일) 40만 달러를 올릴 경우 경비를 제하고도 10만 달러 이상 남았으나 지금은 고작 4만~5만 달러에 불과하다는 것. 때문에 연안 500m까지 규정을 위반한 40mm 망목과 문어잡이 쇠줄을 달고 몰래 들어가기도 한다고 어느 선주는 말한다. 모리타니 북쪽 해역인 모로코 연안도 어장성은 높다. 우리 어선들은 모로코 정부 또는 민간회사와 합작진출을 하고 있다. 대림수산이

모리타니군

버마크사와 50대 50으로 합작회사를 설립, 3척을 조업토록 하는 등 현재 2개 회사 8척이 진출했으나 다음 계약은 오리무중이다.

　지난 1966년 8월 한국수산개발공사가 라스팔마스에 기지를 처음 개설할 땐 우리 모두 '배고픈 시절'이었다. '잘 살아보자'는 일념으로 간호사와 광부들은 달러를 벌기 위해 서독으로 떠났고 젊고 패기 있는 청년들은 카나리아 군도 그 중에서도 라스팔마스와 테네리페에 여장을 풀고 그물을 당겼다. 그 무렵 이곳에 터전을 잡은 8척의 선단이 벌어들인 한해 수출액은 252만 달러. 전체 수출액의 1%에 가깝다. 이후 20년간 카나리아 군도에서 100여 척이 모은 외화는 8억 7,000만 달러. 이는 파독광부와 간호사 2만여 명이 15년 동안 고국에 송금한 액수와 비슷하다. 그러나 1980년대 중반부터 카나리아 군도의 옛 영화를 되찾는 것은 지금으로선 아무도 대답할 수 없다. 1982년 4월 발효된 유엔해양법협약의 발효 후 우리 원양산업은 갈 곳을 잃고 있기 때문이다.

수산 대기자 남달성의 회상 ⑩
참치잡이 첫 출어 흔적

    1977년 3월 미국과 구 소련이 동시에 발표한 200해리 경제수역 선포는 연안국에는 희망과 자만(自滿)을, 입어국에겐 쇠퇴와 함께 고난의 길을 열어주었다. 그럼에도 1995년 한 해 동안 국내 원양어선의 총어획량은 89만 2,000t에 이르렀다. 이 가운데 20만 3,000t을 수출, 5억 4,000만 달러를 벌어들였다. 어획 세계 3위, 수출 4위를 기록했다. 반도체와 조선부문의 세계 2위에 이어 원양산업이 그 뒤를 따랐다. 종사자들은 고도산업사회를 지향하는 지금 인간이 보편적으로 누리려는 삶의 질적 향상과 보다 나은 미래설계를 위해 앞장 서 왔다.

원양어업 개척

    돌이켜 보자. 광복 이후 국내 수산업은 답보상태였다. 게다가 1950년에 터진

지남호 출항식

6.25 전쟁은 황금어장이었던 우리 연안을 쑥대밭으로 바꿔 놓았다. 우선 어선 피해의 경우 기선 290척과 범선 4,427척으로 모두 247억 1,700만원, 수산시설과 어항시설 제빙 냉동 및 냉장공장 파괴로 444억 여 원의 피해를 입었다. 이 둘을 합칠 경우 피해액은 모두 697억 여 원에 달한다. 이처럼 어선세력과 자재난 그리고 자금난에 겹쳐 1944년 총어획량은 34만 7,000t이었지만 해방이 되던 1945년엔 28만 1,000t으로 무려 6만 6,000t이나 줄었다.

이러한 척박한 상황에서 대원기업을 경영하던 심상준(沈相俊, 작고)씨가 S.S.워싱턴호(234t)를 29만 9,000달러(1억 9,000만 원)에 인수함으로써 자연 수산업에 뛰어들게 됐다. 1951년 4월 자본금 10억 원으로 제동(濟東)원양주식회사(제동산업 전신)를 설립한 것이다. 그는 당초 연근해어업에 이 배를 투입할 계획이었으나 황금어장은 말뿐이었다. 3면이 바다인데다 일본인들이 모두 물러갔고 평화선까지 선포했으니 우리 연안에 자원이 많을 것으로 추정했다. 특히 막 개최된 한일회담의 가장 큰 쟁점이 평화선을 둘러싼 양국 간의 어업분쟁이 판단을 흐리게 했다.

대원기업은 미군정 때 원조물자가 부산항에 도착하면 상공부 산하 각 귀속 기업체에 공급할 800여 종의 공업용 원자재를 인수 또는 보관하고 상공부의 배정에 따라 수수료 5%를 가산, 대금을 받고 물자를 출고한 6개월마다 미군정 특별회계에 그 대금을 입금시키는 대행업체였다. 심상준 씨는 이 사업으로 상당한 돈을 벌었기 때문에 S.S.워싱턴호를 인수할 수 있었던 것이다. 그는 그의 자서전 '원양어업 개척사'를 통해 이 사업성은 오래 지속될 수 없다는 판단 아래 새 사업으로 항공사업과 수산업을 꿈꾸고 있었다고 쓴 적이 있다.

"뱃머리를 남으로 돌려라"

S.S.워싱턴호는 1946년 7월 49만 달러를 투입, 미국 시애틀 수산시험장이 연구활동을 위해 강선으로 건조된 두 척 중 한 척인데 오레곤주

지남호가 인도양에서 잡은 새치를 경무대에 걸어 놓고 당시 이승만 대통령(왼쪽 세 번째)과 관계자들이 기념촬영을 했다. 왼쪽 첫 번째가 심상준 씨, 맨 오른쪽이 지철근 씨.

아스토리아 항에서 S.S.워싱턴호로 명명된 종합시험선이었다. 234t(GTS는 400톤급)에 600마력의 디젤기관을 설치한 이 선박은 시험선답게 트롤은 물론 연승 건착어업 등 모든 어로활동을 할 수 있도록 설계돼 있을 뿐 아니라 최첨단의 가공 장비를 갖추고 있었다. S.S.워싱턴호는 도입 직후 이승만(李承晚) 대통령이 "남쪽으로 뱃머리를 돌려 부(富)를 건져라"라는 뜻에서 선명을 지남호(指南號)로 명명했다.

정부와 업계 역시 수산 재건을 위해 온갖 노력을 경주했다. 그 중의 하나가 해양주권선 설정에 의한 연근해어장 보호였다. 1952년 1월 18일 이승만 대통령은 '인접해양의 주권에 관한 대통령 선언'을 선포했다. 연안에서 50~60해리까지 그은 이 평화선은 맥아드라인 철폐 이후 새로 설정됐다. 수산자원 보호와 어민 보호의 측면이 강했지만 안보와 국방의 성격까지 포함됐다. 또 해사(海事) 행정의 일원화에 따라 해무청이 발족됐다. 1954년 11월 정부조직법 개정에 따라 당시 교통부 해운국과 상공부 산하 외청이었던 수산국을 통폐합, 해무청 조직안이 통과됐다.

당시 시급한 현안(懸案)은 지남호가 신조선인데다 워낙 최신시설을 갖췄기 때문에 국내에는 이를 다룰 줄 아는 올바른 주인을 만나지 못해 발이 묶여 있어야만 했다. 결국 지남호는 1957년 6월 인도양의 참치 시험조업을 할 때까지 관리비만 문 채 항내에 정박하고 있었다. 그때 한국에 파견된 OEC(경제조정관실) 수산기술 책임자였던 모간 씨가 "한국이 경제부흥을 빨리 하려면 원양어업을 서둘러야 한다"며 정부에 건의하고 해무청이 이를 중앙수산시험장(지금의 수산과학원 전신)에 지시했다는 얘기가 많았다.

진짜 물고기 '참치'

1957년 참치시험조업 때 남상규 해무청 어로과장이 단장을 맡고 그 밑에 이제호 중앙수산시험장 어로과장이 지도관을, 모간 씨가 고문역을 맡았다. 그리고 조업선박과 출어비 등 소요자금 3,800만 환은 제동산업이 전액 투자했다. 이렇게 본다면 선체 제공과 자금 부담은 제동산업이 맡고 계획은 정부가 수립한 편이 되는 셈이다. 선원은 27명으로 구성됐다. 그럼에도 모간 씨를 제외한 누구도 참치잡이를 한 경험이 없었다. 이처럼 모간 씨에 대한 기대가 컸는데 대만해역에서 시험 투승 중 모간 씨가 갑자기 하선해야 하는 불운을 겪게 됐다.

그는 미국에서 오레곤호 선장을 할 때 다친 허리가 재발, 도저히 움직일 수 없게 된 것이다. 그러나 지도관이었던 이제호 과장이 경험은 없었지만 데이터는 갖고 있어 선상회의 끝에 시험조업을 강행키로 했다.

고문관역을 맡았던 모간 씨의 갑작스런 하선으로 우선 어장 선택부터 벽에 걸렸다. 남 단장 등과 숙의 끝에 인도네시아 니코발섬(동경 94도 29분 북위 7도 4분) 근해에서 첫 투승을 했다. 광복절이었던 8월 15일 새벽 5시경 5명으로 구성된 투승조가 한 바구니에 5개씩 든 바구니 100개를 비웠다. 이날따라 바람도 없었고 파도도 잔잔한 편이었다.

그러나 양승할 땐 모두 하늘만 쳐다보고 있었는데 갑자기 "야! 고기다" 하는 소리가 귓전을 때렸다. 그때 올라온 고기는 참치가 아니라 새치였다. 그러나 흰 물거품을 일으키며 힘겹게 데크에 나뒹구는 이 고기는 국내에선 볼 수 없는 길이 1m, 무게 50kg 짜리였다. 이런 식으로 이곳에서 보름간 조업, 1t 안팎을 잡았다. 그 후에도 조업을 계속 하려했으나 식수와 기름이 떨어져 싱가포르에 입항, 귀국했다. 출항 108일만이었고 총 항정 5,000해리였다. 어획은 부진했지만 "우리도 할 수 있다"는 가능성을 확인했다.

선내 분위기가 조금은 희망적이어서 'Tuna' 한글 이름 짓기에 나섰다. 유수(流水) 정문기(鄭文基, 1898~1995) 박사의 어류도감에는 '다랭이'라고 표기돼 있지만 우리들에겐 생소한 편이었다. 연근해에서 손바닥만한 고기만 보던 선원들이 길이 1m가 넘는 이 고기를 놓고 서로가 자기 제안을 내세워 갑론을박(甲論乙駁) 하느라 점점 소리가 높아졌다.

그런 가운데 누군가가 '진(眞)치'란 이름을 제시했다. 논란 끝에 "진(眞)자가 '참' 이란 뜻이니까 참치(진짜고기)라고 하면 어때"라고 제안하자 절대적인 찬성이 따랐다. '치'자는 갈치 꽁치 준치 등 고기 말미에 붙이는 게 다반사이기도 하다.

원양 항해 도중 적도를 통과하는 일이 관심사였다. 그때만 해도 국내에는 8,000t급 상선 4척과 500~1,000t급 대일 취항선 10여 척이 있었으나 이들 외항선은 정규코스만 항해할 뿐 다른 코스로 이탈하지 않는다. 또 요즘처럼 항해장비가 좋았던 때도 아니기 때문에 적도를 넘는 일은 정말 힘들었다고 한다.

"적도 통과 선박은 지남호가 처음일 거예요. 무풍지대의 적도는 선위(船位) 측정을 못할 만큼 안개가 자욱했지요. 3일 지나니까 저 멀리 포나페섬(마이크로네시아)이 아련히 떠오르더군요." 윤정구 선장의 생전(2005년 2월)에 인터뷰한 생각이 새록새록 피어난다.

사모아의 추억

지남호가 부산항을 떠난 지 꼭 한 달만인 2월 21일 오후 4시반경 사모아의 파고파고항에 도착했다. 그때 기관장 이유태 씨(36)는 주기관이 별 탈 없이 움직여 주

1968년도 박정희 대통령이 육영수 여사, 박근혜 영애 등과 사모아 원양어업기지를 둘러보고 있다. 박 대통령 뒤가 심상준 사장

었다며 엔진에 키스를 하기도 했다. 그러나 모두 지친상태였다. 5일간 출어에 대비한 만반의 준비와 휴식을 취한 후 2월26일 서경 1백50도 남위11도 부근의 어장으로 떠났다. 막연한 어장탐색이었다. 남태평양에서 첫 투승(投繩)은 3월 1일이었는데 그날은 모두 빈 낚시뿐이었다. 3일 후 다시 어장을 옮겨 미끼를 단 낚시를 던졌다. 그때부터 고기가 낚시에 걸려들었다.

양승 후 다섯 번째 바구니까지 빈 낚시였는데 그 이후부터 값비싼 알바코(날개다랑어)가 연신 갑판 위에 나뒹굴었다. 사모아 현지 선원들도 "이야! 이야!"(현지어로 '고기'란 뜻)라며 이리 뛰고 저리 뛰기도 했다. 그러나 1953년부터 이곳에 진출한 일본은 니치레이와 미쓰비시 소속70~300t급 어선 53척이 서로 어장정보를 교환하면서 조업하는 등 사실상 일본의 독무대였다. 이들 어선은 모두 지입제 형식

1958년 당시 파고파고항

으로 이들 회사에 가입함으로써 회사 측은 선원교대와 선수품 공급 그리고 납품업체인 밴캠프 회사와 유대를 다지고 있었다.

우리가 이곳에 진출하자 밴캠프 회사는 따뜻이 맞아주었으나 일본은 경쟁자를 만난 듯 견제를 했다. 또 태극기를 단 어선은 지남호 한 척 뿐이었으니 얼마나 외로웠겠는가. 지남호는 출어이후 귀국할 때까지 15개월 동안 참치 450t을 잡아 밴캠프에 납품, 알짜배기 외화 9만 달러를 벌어들였다.

그러나 애로점은 한둘이 아니었다. 우선 정확한 정보가 없어 애를 먹었는데 일본어를 할 수 있었던 윤 선장과 일제 때 고래잡이 어선을 탄 갑판장 채영문 씨(흑산도 출신)가 일본 선원에 친근감을 갖고 접근, 어장정보를 얻었으나 실제로 투승을 하면 번번이 빈 낚시만 올라오곤 했다.

어떤 때는 같은 어장에서 주낙을 같이 놓아 서로 엉키면 일본어선은 우리 주낙을 마구 잘라버린다. 가만히 있을 수 없어 행동개시에 나섰다. 우리는 일본어선이 던져 놓은 주낙을 건져 연구대상으로 삼았다. 가령 가짓줄과 새끼야마의 길이, 와이어의 굵기와 심지어 낚시의 크기와 미끼까지 자세히 조사한 후 입항 땐 현지 기지장으로 나와 있던 대학 선배한테 이런 저런 어구를 팔라고 졸라 구비하기도 했다. 또 통신장은 일본어선의 교신 주파수를 알아내 암호를 풀어 어장을 찾아내곤

했다. 애로사항이 어디 이 뿐이겠는가.

 이렇듯 우리어선들은 낚시를 던져 참치를 잡으면서 한편으론 틈나는 대로 기술을 익히고 참치와 새치의 생태 연구에도 게을리 하지 않았다. 그런 가운데 3년이 훌쩍 지났다. ㈜동화가 참치잡이 어선 3척을 바다에 띄웠고 제동산업 역시 2척을 증척하는 등 1960년대 초반엔 모두 14척으로 늘어났다. 이 같은 노력에 힘입어 1976년엔 트롤을 비롯, 채낚기 연승 등 원양어선만도 851척, 원양어업기지 26개, 종사자 역시 2만 3,000여 명까지 증가했다. 험난한 200해리 파고는 언제쯤 평온을 되찾을지 기다려 본다.

수산 대기자 남달성의 회상 ⑪
최신어법 참치 선망어선을 타다

    기자는 1975년 3월 국립수산진흥원(현 국립수산과학원) 소속 시험조사선 태백산호(309t)를 타고 마이크로네시아의 팔라우섬 근해에서 가다랑어 어선을 탈 기회를 가졌다. 마침 팔라우에 기지를 둔 국제원양 소속 오레김호(48t, 선장 남영택, 38)가 출어준비를 하고 있었다. 새벽 2시경 항구를 빠져나간 이 배는 조업에 필요한 활멸치를 세망(細網)으로 뜬 후 이를 선내 활어조에 싣고 어장탐색에 나섰다. 정오가 될 무렵까지 배는 계속 바다를 쏘다녔다. 어디 목표가 있는 것도 아니었다. 오로지 어군을 발견하기 위한 것이었다.

    견시원 4명이 유목(流木) 이전의 갈매기 떼를 찾는 일이 고작이었다. 오후 2시 선수 좌현 12해리 전방에서 갈매기 무리 바로 아래 길이 7m, 직경 0.7m의 유목을 찾아냈다. 여러 선원이 새벽에 잡은 멸치를 바닷물과 함께 뿌리자 깊은 바다에서 뛰놀던 가다랑어 떼들이 냄새를 맡고 수면 가까이에서 멸치를 잡아먹고 있었다.

참치 선망어선

선원들은 그제서야 미늘 없는 낚싯대로 가다랑어를 낚아챘다. 한 마리에 4.5~5kg 가는 가다랑어가 낚싯대에 매달린 채 하늘 높이 치솟았다가 데크 위에 나뒹굴어졌다. 그때의 손맛은 낚시를 하지 않은 사람들은 알 수가 없다.

낚시로 잡은 가다랑어

기자도 선장의 권유에 따라 낚시를 바닷물에 담궜다. 가다랑어가 낚시에 걸려 펄떡거리면 온 몸에 전율을 느낀다. 그렇게 먹이를 잡아먹느라 왁자지껄하던 어군이 순식간에 어디론가 사라졌다. 선체가 낡아 데크 틈 사이로 바다에 흘러내린 동료 어체의 피 냄새를 맡고 바다 깊숙이 숨어버린 것이다. 조업시간은 겨우 12분.

대양에 떠다니는 유목. 길이 10여미터, 직경 0.8미터 안팎의 유목 아래엔 그림자가 드리워져 어군이 항상 몰린다.

기관장을 제외하곤 선원 14명이 잡은 가다랑어는 모두 2.5t. 기자는 그 짧은 시간에도 20여 마리를 낚아챘다. 점심식사 땐 갓 잡은 가다랑어가 횟감으로 올라와 선원 모두가 맛있게 먹었다.

그러나 이러한 어법이 숙련 어부난 등으로 점차 쇠퇴하면서 선망어선이 유목조업에 나선 것이다. 중서부 태평양에는 인도네시아나 파푸아 뉴기니 등지에서 하역작업 중 바다에 떨어진 원목들이 많다. 이들 원목이 조류 따라 유유히 대양으로 흐른다. 기자는 이를 취재하기 위해 중서부 태평양의 괌을 거쳐 조업현장으로 달려갔다.

원래 선망어법은 1826년경 미국에서 참치가 목적이 아니라 청어를 잡기 위한 것이었다. 처음에는 어구 모두가 인력에 의존했으나 1914년에 가서야 기계화 됐다. 1916년 미국의 식품회사 밴 캠프회사가 날개다랑어를 원료로 통조림을 생산하면서 이 선망어업이 본격화 됐다. 그 현장을 살펴보자.

어려운 투망 결정

1996년 1월24일 오전 11시 반. 남위 6도 24분 동경 159도 3분의 코스타 데 마필호(807t) 선상. 본선 15해리 전방에서 어탐에 열중하던 헬리콥터(조종사 와리크 오버레이 42)에 동승한 1항사 조태연 씨(30)로부터 '대량어군 발견'이란 긴급연락을 받았다. 조타실에서 담배를 꼬나물고 있던 김현주 선장(33)의 얼굴에 일순 긴장감이 감돈다. 다시 바다를 응시한다. 투망 명령은 선장 고유의 권한. 그러나 조류의 방향과 세기, 풍향과 풍속이 조업 최적의 조건인지를 판단, 최종 결정을 내려야 하는 것이다. 파고는 0.5m로 이상적이다.

조류 흐름은 마침 선체 진행 방향과 같아 투망에 적합하다. 다만 조류의 세기는 12노트로 약간 센 편. 1항사 조씨는 "대량어군 발견, 풀 스피드 항진 요망"을 연신 당부한다. 하지만 김 선장이 아직도 투망 결정을 못 내린 것은 어군의 형태를 직접 보지 못했기 때문이다. 배는 전속으로 항진한다. 40분 정도 달렸을까. 상코파로 달려간 김 선장은 쌍안경(25*150)을 통해 저 멀리 선수 우현 5해리 부근에서 흰 파도(白波)가 일고 있는 것을 확인한다. 분명 스쿨 피시(먹이를 쫓는 대어군)다. 백파란 수심 100~150m 층에서 움직이던 참치 떼가 수면 근처에 회유하는 멸치 떼 냄새를 맡고 급부상, 잡아먹을 때 이는 흰 물살을 말한다.

하지만 이것만으로는 투망을

코스타 데 마필호 투망 후 그물이 뚫린 본선 쪽 부근에서 어군의 도주를 막기 위해 네트 보트(윗쪽)와 스피드 보트(아랫쪽)가 물살을 일으키고 있다.

결정 못한다. 부상군(浮上群)에 의한 백파라도 1.회유군 2.색이군 3.고래군 4.상어군에 따라 투망 성공률은 천차만별이기 때문. 다행히 코스타 데 마필호가 발견한 백파는 먹이를 한참 먹으려는 참치 떼였다. 김 선장은 지긋이 입술을 깨문다. 이 이상 시간을 머물 수 없다고 판단한 것이다. 갑판원 "올 스탠바이" 이윽고 투망준비를 알리는 외침이 선내 스피커를 통해 흐른다. 제 자리를 찾아가는 선원의 발놀림이 빠르다. 조기장 겸 스키프 맨 고재남 씨(37)와 2기사 겸 네트 보트 맨 김석문 씨(22)가 잽싸게 정 위치에 섰다.

드디어 "렛고"

스키프는 투망 때 그물의 한쪽 끝을 잡아주는 750마력의 20t급 선박. 네트 보트는 그물 사고에 대비하는 작은 배다. 조타실 조업기기 작동대인 콘솔 앞에는 2항사 김연섭 씨(26)가 자리한다. 투망준비가 끝났다는 갑판장 김성웅 씨(3)의 고함소리가 울린다. 오후 1시 반. "렛고".

투망시간 결정에 고민하던 김 선장이 짧은 한마디를 내뱉었다. 투망 스탠바이 50분 만의 일이다. 선미에 있던 스키프가 그물을 맨 채 박차고 나간다. 수면의 멸치 떼를 잡아먹느라 정신없는 참치 떼를 둘러싸기 위한 것이다. 조타실에선 전속명령이 내려졌다.

그물 풀리는 소리와 2,800 마력의 제너럴 모터스 주기관의 굉음이 대양의 정적을 깨뜨린다. 소나 음파탐지기를 열심히 들여다보던 통신장 김동국 씨(27)는 본선과 어군과의 거리를 보고하기에 여념이 없다.

이제 스키프는 모선의 반대쪽에 떠 있다. 아직도 모선의 속력은 전속 항진. "5

번 부이 렛고" 정확히 길이 2,150m의 대형 그물이 마지막 부분만 남았다. 그제서야 배가 속력을 낮춘다. 배가 거쳐 간 항적 따라 노란색 콜크 부자가 원주를 선명하게 그려놓는다. "토우 라인 렛고" 그물이 다 풀렸다는 보고가 조타실을 울렸다.

이윽고 엔진이 멎고 본선은 투망 전 그물 한 쪽을 넘겨받기 위해 스키프를 향해 타력(惰力)만으로 전진한다. 두 선박이 교차할 무렵 갑판장 김씨가 히빙 라인을 내던진다. 2등 기관사 김형영 씨(28)가 이를 퍼스 라인에 연결하자 데크 위의 1갑원 김진홍 씨(28)가 퍼스 윈치 레버를 젖힌다. "위잉!" 2인치 굵기의 와이어 로프가 힘겹게 감겨 올라온다. 이때 퍼스 윈치에 걸리는 장력은 12t이나 된다. 따라서 선체가 좌현으로 기우뚱한다. 작업은 이때부터다. 이미 그물 안에 든 고기를 한데 모으기 위해 선미 좌현에서 비트(와이어로프 감는 쇠기둥)를 치는 망치 소리가 요란하다.

체리 봄

해머 소리는 물속으로 전달되면서 고기 떼를 위협한다. 공중에서는 헬기의 허버링으로 주회전 날개의 힘을 빌어 굉음과 파도를 일으킨다. 이때 물감이 뿌려진다. '퍼세이너 다이'라는 빨간색 가루봉지가 연이어 던져진다. 이는 그물이 완전히 둘러치지 않은 본선(길이 68m) 아래쪽으로 참치 떼가 도망치는 것을 막기 위한 것이다.

그러나 영리한 어군들은 그래도 이쪽으로 회유해 온다. 다시 비장의 무기를 내던진다. '체리 봄' 선장의 짤막한 한마디에 강 기관장은 다이너마이트 도화선에 불을 댕겨 선수와 선미 좌현에서 '체리 봄'을 연신 내던진다.

'체리 봄'은 물속 5~6m에서 폭발, 어군을 교란한다. 투망한 지 40분이 지나자 그물 밑부분의 조임이 끝났다. 하지만 이 짧은 시간에 아무리 많은 어군을 둘러싸도 순간 놓치는 경우가 허다하다. 어부들은 이를 '물방'이라고 한다. 스쿨피시(school fish – 해수 표면의 어군 조업)는 다분히 모험적이다. 그러나 1980년대 초반에는 스쿨피시조업은 거의 꿈도 꾸지 못했다. 이동 어군이 워낙 빠르고 조류와 풍향 등 조업여건이 맞지 않은데다 우선 정상 어법마저 익히지 못했기 때문이다. 이 같은 상황은 일본도 마찬가지였다. 또 지구 반대편 대서양에서도 스쿨피시 대신 유목(流木)조업을 선호한다.

선장은 안절부절

그러나 차츰 참치 떼의 생태가 밝혀지면서 이 어법이 도입된 것이다. 요즘은 선장의 능력에 따라 차이는 있으나 대체로 성공률이 60~70%에 달한다. 그래서 한 방 잘 뜨는 선장이 '명선장' 칭호를 얻는다. 사람들은 참치 선망어선을 두고 가장 남성적인 어선이라고 한다. 그러나 실패도 많다. 조류 세기와 방향 날씨에 따라 '물방'도 허다하다. 기계로 끌어올린 그물을 다음 투망을 위해 챙기는 선원들의 몸놀림이 가볍다. 양망이 끝나갈 무렵 더 이상 그물이 올라오지 않는다. 너무 무리한 힘을 가하면 그물이 터질 우려가 있기 때문에 여간 조심스럽지가 않다.

선원들이 "영차, 영차" 연호하며 애를 쓰지만 그물은 꼼짝할 생각을 않는다. "그물이 어디에 걸렸나. 못 올라올 정도의 양은 아닌데..." 선장은 안절부절이다. 시간이 갈수록 불리하다. 특히 고기는 선도 유지가 필수적이다. 오후 4시 5분. 드디어 첫 고기가 올라온다. 남태평양의 검푸른 물결을 이부자리로 삼고 뛰놀던 대망의 고기가 그물 속에서 데크 위로 쏟아진다. "야! 고기다. 고기!" 선원들은 함성을 지른다. 여느 때의 조업과 다를 바 없지만 이처럼 손발이 척척 맞아 떨어지면서 대어를 거둬 올리기 때문에 그 어느 때 보다 한결 가뿐한 마음이다.

실로 조업 스탠바이한 지 4시간 반 만이다. 이날 저녁 노을이 물들 때까지 잡아 올린 고기는 260t. 참치통조림 원료가 되는 가다랑어가 180t, 황다랑어가 80t, 돈으론 26만 달러(가다랑어 t당 950달러, 황다랑어 t당 1,120달러). 원화로 따지면 2억 800만 원어치. 선원들은 잡은 참치를 차곡차곡 어창에 쌓는다. 이때 브라인 냉동을 한다. 이 냉동법은 우선 영하 6℃에서 어체 표면을 냉동, 육질 내부까지 염분 침투를 못하도록 한 뒤 영하 17℃ 상태에서 소금물을 빼내고 저장하는 방법이다. 어느새 사방에 어둠이 깔린다.

스쿨피시 조업으로 450t 어획

얼마 전까지 이글거리던 태양은 온 데 간 데 없고 칠흑같은 밤바다에 적막감이 감돈다. 그러나 오늘은 대어다. 김 선장은 괌 입항 때 미리 준비한 나폴레옹 코냑 한 병을 터뜨린다. 선원 모두가 즐겁다. 2월 들어서는 사조산업 소속 선단들도 쾌조의 어획을 올리고 있었다. 올림피아호(972t, 선장 하명진, 33)가 지난 12일 오후 2시경 솔로몬 군도 스타워트 섬 북동쪽 100해리 해상에서 스쿨피시를 만나 240t을 잡았다. 콜롬비아호(1,106t, 선장 김수성, 32)는 지난 2월 20일 역시 솔로몬 군도 엔다이 환초 동남쪽 80해리 해상에서 유목을 발견, 무려 250t을 끌어 올렸다는 소식이다. 지금까지 한국선단이 스쿨피시로 가장 많이 잡은 것은 450t, 유목조업은 300t으로 기록되고 있다. 스쿨피시 조업 이전 대부분의 선망어선들은 유목조업

선원들이 그물 속에 든 가다랑어를 끌어올리고 있다. 많을 땐 한 차례 투망에 200~300톤 씩 잡는다.

에 의존해 왔다. 이 조업은 대양에 떠다니는 유목을 발견하는 게 관건이다. 중서부 태평양에는 인도네시아나 파푸아 뉴기니 등지에서 하역작업 중 바다에 떨어진 원목들이 많다. 이들 원목이 조류 따라 유유히 대양으로 흐른다. 일본은 과거부터 중서부 태평양의 참치 선망어업을 육성하기 위해 인공유목을 바다에 띄웠다. 일본은 연간 5,000~6,000개의 인공유목을 투하했다. 이에 드는 정부예산만도 자그마치 200억 원에 달했다.

"'목마른 놈이 샘 판다'는 격으로 1994년 처음으로 동원산업이 3억 원을 들여 인공유목 1백 개를 만들어 띄웠지요."

동원산업 괌 기지장 이종구 씨(李鍾求 당시 38세)의 말이다. 인공유목은 전래의 유목과는 달리 닻을 달아 일정한 장소에 고정하고 철판부이(자동위치 발신기)까지 시설, 우리선단이 쉽게 찾을 수 있도록 했다고.

또 집어군 현상도 꽤 짭짤하다. '집어군'이란 조업선이 야간 표박 때 배 밑바닥에 1,000~1,500 촉광의 불을 밝혀 놓으면 추광성이 강한 대량어군이 몰려드는 현상을 말한다. 이에 톡톡히 재미를 본 어선은 사조선단의 빅토리아호(972t 선장 공노옥 당시 33세).

1995년 말 현재 중서부 태평양에서 조업하는 참치 선망어선은 모두 159척. 한국 29척을 비롯 미국 42척, 일본 31척, 대만 44척 그리고 마이크로네시아 15척 등이다. 우리 어선 척당 어획량은 5,730t으로 다른 어떤 배들 보다 어획량이 많다.

1996년 말 기준 전 세계 참치조업어선은 모두 475척. 연간 어획량은 160만~180만t. 특히 대서양에서 조업하는 스페인과 프랑스 등은 아직도 유목조업 의존율이 높고 중서부와 동부 태평양에선 스쿨피시와 유목조업을 병행했다.

우리나라가 이 어업에 손 댄 것은 지난 1971년. 당시 한국수산개발공사가 이 어법 도입을 위해 김상화 씨(金相化 55세·사조산업 괌 대리점 경영) 등 6명을 미국으로 보내면서 비롯됐다. 그후 민영화된 수개공이 이스턴 스타호(450t, 선장 노수길)를 동부태평양으로 내보내 조업했으나 어법과 기기작동을 하는 숙련어부가 없어 실패했다.

국내 참치선망어선이 중서부 태평양에서 첫 그물을 던진 것은 1980년 10월7일.

시장에 상장된 다랑어

동원산업 소속 코스타 데 마필 호(당시 어로장 김용문(金容文) 40)였다. 그러나 개발의 역사는 순탄한 것이 아니었다.

    모든 어장개척이 모험과 위험을 수반하고 여기에 자신을 엄습하는 고독과 맞싸워야 한다. 그 당시 동원의 조업척수는 13척. 이들 어선이 잡은 참치는 연간 7만 8,000t. 단일 회사론 세계에서 가장 큰 규모다. 그 뒤를 잇는 업체는 선망어선 6척을 지닌 사조산업이었다. 특히 신라교역은 1990년 3월 이 사업에 참여한 후발 기업이긴 하지만 최근 건조한 대형 신조선인데다 첨단시설을 갖췄다. 이처럼 파죽지세로 뻗어나던 참치 선망어업에 제동이 걸렸다. 연안국들의 입어규제와 미국 연안

경비정의 선박검색 강화 그리고 나포척수가 늘어났기 때문이다.

중서부 태평양의 2대 어장의 하나인 마이크로네시아 어장은 1995년 2월 말 우리와 대만어선이 입어를 못하고 있다. 자원보유국이란 점을 최대한 활용, 상상을 초월한 무리한 요구로 우리가 입어 협상을 아무리 벌이려 해도 결렬만 되고 있는 것이다.

우선 그들의 요구사항을 들어보자. 마이크로네시아 당국은 경제수역 내에서 한국 선박과 자국 선박 간의 충돌이 생겼을 경우 어떠한 손실도 한국 선박이 보상을 해야 한다. 또 충돌 선박이나 소속회사가 이를 보상 못할 경우 입어선 29척이 연대책임을 져야 한다는 것이다.

이 뿐 아니다. 이와 관련 마이크로네시아 정부에 대해선 일체 손해배상을 청구할 수 없다는 규정 신설을 내세우고 있다. 이 같은 논리는 가령 선상에서 우리 선원과 현지 선원 간의 의견충돌로 싸움을 벌여 우리 선원이 죽더라도 마이크로네시아 정부에 보상을 요구하지 못하고 형사소송마저 제기할 수 없다는 것이다. 이게 말이 되겠는가. 또 각종 보고 지연이나 어획량 기록 잘못 등 경미한 위반 때도 건당 벌금 최대 500만 달러를 무는 것은 물론 해당선박의 몰수까지 가능하도록 새 규약을 삽입하고 있다. 더불어 대부분이 이현령비현령(耳懸鈴鼻懸鈴)식이다.

이와 함께 입어료도 해마다 올렸다. 마이크로네시아는 지난 1992년 척당 입어료가 6만 5,000달러였으나 작년에는 9만 달러로 3년 새 38.5%를 올렸다. 파푸아 뉴기니 역시 1992년 척당 15만 4,000달러에서 1995년엔 17만 2,000달러로 11.1% 인상됐다.

기리바티와 솔로몬도 마찬가지다. 그러다 보니 조업 중 나포되거나 벌금을 문

어선이 날로 늘고 있다. 동아제분의 참치독항선 제 309 행복호의 경우 1994년 8월 31일 미국령 자비스섬 경제수역 내에 들어갔다는 이유로 경비정이 추적, 마샬군도에서 붙잡아 벌금 112만 달러를 물었다.

지난 1979년 남태평양 수산위원회(FFA)를 결성한 마이크로네시아 등 도서국가들은 자체방위력이 없는 점을 인식하고 미국 연안경비대에 조업 어선들의 자체경비를 의뢰했다. 그 대가로 미국 어선들은 도서국가의 영해 12해리를 빼고는 무상 조업허가를 받은 것. 때문에 연안경비정은 갈수록 규제를 강화한다. 검색은 말할 나위 없이 까다롭다. 웬만한 일에도 연안국의 요청이 있으면 경비정이 출동, 혐의가 잡히면 가까운 항구로 예인한다. 하지만 그것보다 인간적인 모욕을 당하는 것이 몹시 불쾌하다.

권총을 허리춤에 찬 무장 해경대원이 선장실과 사관실을 마구 뒤져 메모 쪽지 한 장이라도 더 챙긴다. 선장실을 뒤질 때 사관이 '사생활 침범'이라고 항의하면 슬며시 선장실을 통과한다. "주권침해가 따로 없습니다. 어째서 대한민국의 주권이 미치는 우리 선박에 그들이 함부로 올라와 행패를 부릴 수 있습니까. 이는 정부에서 강력히 항의, 그들로부터 사과를 받아야 합니다"며 사조 패밀리아호 1항사 김용암 씨는 강력히 주장했다.

또 1994년 11월 남북수산 소속 파이어니어 호(1106t 선장 김용민 31)는 파푸아뉴기니 경비정으로부터 무차별 기관총 세례를 받았다. 다행이 인명피해는 없었으나 선체 좌현에 총알 구멍이 뚫렸다.

선원들의 간담이 서늘해 진 것은 정한 이치다. 나중에 안 일이었지만 이날 밤 경비정의 수하에 파이어니어 호가 즉석 응답을 하지 않았다는 것이다. 웃지 못할 사실은 동원산업 선단 7척이 한꺼번에 나우루의 영해를 침범한 이유로 모두 112만 달러를 문 사건이다. 1993년 9월 나우루 정부는 동원의 자이언트 김 호(1484t) 등 '김선단'의 영해침범 사실을 미국 연안 경비정에 보고하자 경비정은 이들 선단에 척당 16만 달러 씩 벌금을 물렸다. 그러나 나우루가 영해를 침범했다고 적시한 그날 오아시스 김 호(1139t)는 괌에서 어획물을 전재하고 있었다. 그럼에도 나우루의 억지주장과 미국의 동조로 꼼짝없이 벌금을 물어야 했다.

유목조업은 자연 유목에 의존한다. 동원의 엘 스페스 호(1042t)는 지난 1월 13일 남위 7도27분 동경 159도48분 산타 이사벨 북동쪽 123 해리 부근에서 길이 6.7m 지름 0.8m의 자연 유목을 발견, 투망한 결과 한꺼번에 185t을 잡았고 같은 선단의 캡틴 김 호(1397t) 역시 200t을 어획, 짭잘한 재미를 봤다. 더불어 '집어군' 현상도 더러 있다는 것.

이에 톡톡히 재미를 본 사조선단의 빅토리아 호(972t 선장 공노옥 당시 33)는 그때까지 510t을 어획, 곧 만선(어창용적 650t) 후 전재, 입항할 계획이었다. 이 배는 보름동안 참치 새끼 한 마리 구경 못하던 중 1990년 8월 13일 파푸아 뉴기니 수역에서 표박, 다음 날 새벽녘에 잠을 깨어보니 바로 배 밑바닥에 무려 300t 가까운 어군을 발견, 잡은 참치가운데 150t만 싣고 나머지 120t은 다른 사조선단에 넘겼다. 일부는 선도가 나빠 폐기처분한 아이러니도 있었다. 유목조업은 대량어획 기회가 스쿨피시보다 그리 많은 편은 아니다.

대량어획은 상대적으로 적지만 확률은 높다. 어떤 유복이든 발견만 하면 많게는 200~300t까지 어획이 가능하지만 적게는 5~10t에 만족해야 하는 때도 많다. 상대적으로 스쿨피시는 한 방 잘 뜨면 대량어획을 하나 작업조건이 맞지 않거나 투망 후 조임이 끝나기 전 어군이 그물을 탈출하면 '물방'하기 십상이다. 그래서 선장에 따라 유목어업과 스쿨피시의 선호도는 제 각각이다. 선망조업선은 한낮에 바다를 쏘다니면서 찾아낸 유목에 작살총을 쏘아 라디오 부이(자동 위치발신기)를 설치해 놓는다.

많을 땐 하루에 만도 4~5개나 된다고. 선장은 이 가운데 가장 어군이 많이 붙을만한 유목을 선정, 다른 선원들이 휴식을 취하거나 잠자는 밤 11시부터 소나 및 어군탐지기를 통해 어군 밀집 여부 회유층 수온 조류세기와 방향 등을 밤새 관찰한다.

다음날 동트기 20~30분 전 네트보트가 불을 밝힌 채 투망에 나선다. 때문에 선장과 1항사는 누구보다 피곤하다. 그리고 자연현상 가운데 수온약층 문제가 선망어업에 지대한 영향을 준다. 수온약층이란 서로 다른 해류와의 만남의 층이 형성되는 것을 말한다.

보통 수온 28도~30℃에서 서식 분포하는 참치는 수온 약층이 생기는 수심 150m 이하에는 생활하지 않는다. 지금은 대략 중서부 태평양의 수온약층이 150m, 동부태평양의 그것은 70~80m란 게 밝혀졌지만 그 당시엔 이같은 수온 약층대를 몰라 애를 먹었다.

선원들은 항구입항이 즐겁다고 말한다. 하역작업이 힘들긴 해도 우선 가족을 만나고 사람 냄새를 맡을 수 있기 때문이다. 또 상륙비를 받는 즐거움도 만만찮다. 이 가운데 하역비가 큰 몫을 차지한다. 회사가 주는 t당 하역비는 8달러. 이 돈은 직급에 관계없이 똑같이 나눠 갖는다. 선원 24~25명이 있는 조업선의 경우 한 사람에 1,600~1,800 달러씩 돌아간다.

여기에 상어꼬리 판매비와 조업격려금 등을 합치면 2,000~2,200 달러가 된다. 물론 선장과 기관장 통신장은 별도의 기밀비가 붙어 선장은 보통 3,000~3,500 달러, 기관장은 2,500~2,800 달러, 통신장은 2,500~2,600 달러 안팎이다.

그리고 남편이 괌에 입항했다는 소식을 들으면 만사를 제치고 비행기를 타고 괌으로 달려간다. 코스타 데 마필호 김 선장의 부인 박진숙 씨(28 부산시 동구 수정동)가 세 살 배기 주영 군을 데리고 괌도에 도착한 것은 1995년 11월 21일 입항 날짜를 맞춰서였다.

수산 대기자
남달성의 회상

지은이	남달성
초판1쇄	2024. 02. 22
발행인	송영택
편 집	박종면
교 정	지승현, 김엘진, 유승완
디자인	김선아
발행처	㈜베토·현대해양
	서울 종로구 종로 128, 803호
	Tel. 02)2269-6114, Fax. 02)2269-6006
	e-mail. hdhy@hdhy.co.kr